AF551304

Alfred Meyer

Verlag Podszun-Motorbücher GmbH
Elisabethstraße 23-25, D-59929 Brilon
Herstellung: LUC Medienhaus, Greven
Internet: www.podszun-verlag.de
Email: info@podszun-verlag.de
ISBN 978-3-7516-1078-0

Alfred Meyer

Tschechische BAGGER 1922–2003

Von ŠKODA über MENCK zu UNEX

VORWORT

Es ist in Deutschland nur wenig bekannt, dass in unserem Nachbarland Tschechien 80 Jahre lang interessante Bagger-Geschichte geschrieben wurde. Wer weiß schon, dass in Tschechien einige der größten Bagger Europas gebaut wurden?

Deshalb lohnt es sich, einen näheren Blick auf die Baggerentwicklung von Škoda und Unex zu werfen. Bemerkenswert ist dabei auch die enge Verbindung von Škoda zu Menck & Hambrock, die 1939 begann. Die Verwandtschaft zu Menck-Baggern sah man manchem Unex-Bagger noch bis Ende der 1960er Jahre deutlich an. Aber Škoda und Unex konstruierten auch eigene Bagger bis hin zu großen Elektro-Baggern für den Tagebau. Bei Hydraulikbaggern war Unex ein Pionier in den osteuropäischen Ländern.

Das gut geführte Archiv des Škoda-Stammwerks in Pilsen ermöglicht es, die frühen Jahre des Škoda-Baggerbaus nachzuzeichnen. Die Nachkriegszeit bis zum Ende der Herstellung von Löffelbaggern bei Unex im Jahr 2003 konnte überwiegend durch eigene Archivunterlagen und Fotos des Verfassers dokumentiert werden. Sehr hilfreich war dabei das Buch von Radoslav Kolomý über die Geschichte der tschechoslowakischen Bagger, das allerdings in tschechischer Sprache erschienen ist.

Aufgrund des Wohnorts nicht weit von der tschechischen Grenze konnte der Verfasser in den vergangenen 30 Jahren trotz oft schwieriger Voraussetzungen viele Fotos von Unex- und KSK-Baggern im Einsatz aufnehmen. Im Gegensatz zu westeuropäischen Ländern arbeiten in Tschechien bis heute große Elektro-Seilbagger in Tagebauen und Steinbrüchen.

EINLEITUNG

Der Titel des Buches „Tschechische Bagger 1922 bis 2003“ bedarf der Erläuterung. Immerhin besteht die Tschechische Republik oder Tschechien erst seit dem 01.01.1993. Davor waren die heute unabhängigen Länder Tschechien und Slowakei seit 1918 in der Tschechoslowakei vereinigt. Wiederum vor 1918 waren beide Länder Bestandteil der Monarchie Österreich-Ungarn.

Gegenstand des Buches sollen aber nur die Bagger sein, die im geographischen Gebiet der heutigen Tschechischen Republik hergestellt wurden. Slowakische Baggerproduzenten wie CSM, Detvan, Tees und ZTS bleiben deshalb unberücksichtigt – mit einer kleinen Ausnahme, auf die aufgrund der engen Verbindung zu Škoda kurz eingegangen wird.

In Tschechien wurden Bagger im Laufe der Jahrzehnte zwar in unterschiedlichen Werken hergestellt. Jedoch gingen diese Werke entweder auf eine Gründung des Škoda-Konzerns zurück oder es wurden Bagger nach ursprünglichen Škoda-Konstruktionen gebaut.

In der Ära des kommunistischen Ostblocks wurden in allen zugehörigen Ländern für viele Industrieprodukte keine Markennamen verwendet – von wenigen Ausnahmen abgesehen. Auch die tschechischen Bagger wurden nach dem Zweiten Weltkrieg im osteuropäischen Raum nicht mit einem Markennamen bezeichnet. Allerdings konnte man in der Auslandswerbung und für den Export nicht auf einen solchen Namen verzichten. Deshalb wurden alle tschechischen Bagger – unabhängig davon, in welchem Werk sie hergestellt wurden – im Ausland bis Ende der 1960er Jahre unter der bekannten Marke „Škoda“ verkauft. Erst ab etwa 1974 wurde die neue Marke „Unex“ eingeführt und dann einheitlich in den Ostblock-Ländern und im Ausland benutzt.

In den 80 Jahren des tschechischen Baggerbaus sind hochinteressante Konstruktionen und auch einige der größten Bagger Europas entstanden. Es geht hier um ein Stück europäischer Technikgeschichte. Vor allem ist hervorzuheben, dass die meisten Bilder in diesem Buch sonst noch nirgends vorher veröffentlicht wurden.

INHALT

Einer der beiden Dampfbagger der Firma Nejedlý Řehák auf einer Baustelle zur Elberegulierung an der Schleuse bei Kostomlaty östlich von Prag (1934) Archiv Povodi Vltavi

DIE ANFÄNGE des tschechischen Baggerbaus

Die ersten Baggermaschinen wurden in den Regionen Böhmen und Mähren der damaligen Habsburger-Monarchie Österreich-Ungarn bereits um 1893 hergestellt.

Die damals bedeutenden Maschinenbau-Unternehmen Bromovský, Schulz & Sohr (Königgrätz) und Breitfeld-Daněk (Schlan bei Prag) begannen in dieser Zeit mit der Produktion von Eimerkettenbaggern. Es gibt allerdings keine eindeutigen Belege, dass diese Firmen auch schon Löffelbagger gebaut hätten. Von der Firma Breitfeld-Daněk ist bekannt, dass sie sich 1893 an einer Ausschreibung des kaiserlichen Ministeriums in Wien zur Lieferung eines dampfbetriebenen Baggers zur Vertiefung des Seehafens von Triest beteiligt hat und den Zuschlag erhielt. Der Bagger soll sich gut bewährt haben. Jedoch ist über die Art dieses Baggers nichts weiter bekannt.

Die Firma Breitfeld-Daněk taucht in Zusammenhang mit Baggern erst 1923 wieder auf. Es existiert eine Konstruktionszeichnung eines schweren Dampf-Löffelbaggers mit 2 m3 Löffelinhalt auf einem Raupen-Fahrwerk nach amerikanischem Vorbild. Es bleibt aber unklar, ob dieser Bagger tatsächlich gebaut wurde.

Der Firma Breitfeld-Daněk werden wir später noch unter der neuen Firmenbezeichnung ČKD begegnen. Das Maschinenbau-Konglomerat ČKD (Českomoravská-Kolben-Daněk) entstand 1927 durch Zusammenschluss folgender Firmen:

- Erste Böhmisch-Mährische Maschinenfabrik (Prvni českomoravská továrna na stroje v Praze) in Prag
  Gegründet 1871; Herstellung von Lokomotiven und Industrieanlagen
- Kolben & Co. (Kolben a spol., a.s.) in Prag
  Gegründet 1896 von Emil Kolben; Herstellung der technischen Ausrüstung von Wasserkraftwerken
- Breitfeld-Daněk (Akciova společnost, dřive Breitfeld, Daněk a spol.) in Schlan bei Prag (Slaný)
  Gegründet 1854 von Čeněk Daněk und 1872 vereinigt mit Breitfeld & Evans; Herstellung von Bergwerksmaschinen und Industrieanlagen

Die Firma ČKD beschäftigte nach dem Zusammenschluss rund 12.000 Arbeitnehmer und entwickelte sich in den 1930er Jahren zu einem bedeutenden Unternehmen der Rüstungsindustrie.

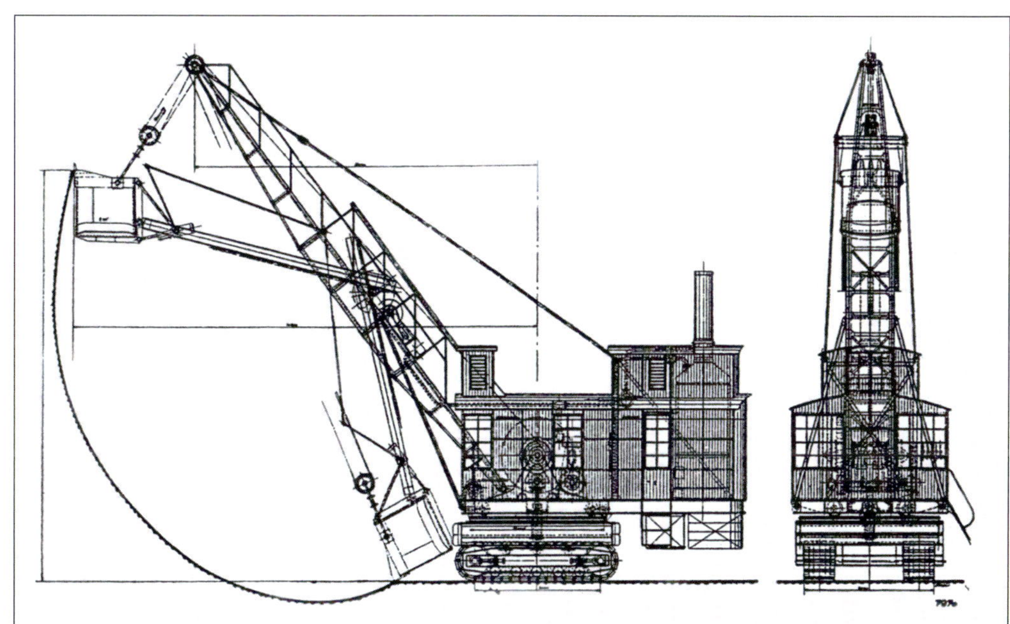

Bemerkenswert an dieser Konstruktion eines Dampfbaggers von Breitfeld-Danek des Jahres 1923 ist das verhältnismäßig kurze Raupenfahrwerk im Verhältnis zur Größe des Baggers. Dies bedingt einen erheblichen Hecküberhang des Baggers.
Archiv Kolomý

ŠKODA beginnt mit der Bagger-Herstellung

Den Namen „Škoda“ kennen die meisten Leute vom Automobilbau. Aber die Škoda-Automobilwerke sind seit dem Jahr 2000 eine hundertprozentige Tochter des Volkswagenkonzerns und haben mit dem ursprünglichen Unternehmen Škoda nichts mehr zu tun.

Škoda war einst das größte Maschinenbau-Unternehmen der Tschechoslowakei. Vom Škoda-Stammwerk in Pilsen ist aber nach der Privatisierung des Škoda-Konzerns seit 1993 heute nur noch die Sparte „Škoda Transportation a.s.“ (Schienenfahrzeuge, Oberleitungsbusse) übriggeblieben.

Gegründet wurde Škoda im Jahr 1859 von Ernst Graf von Waldstein als „Pilsner Werke“ – eine kleine Maschinenfabrik. Der dort angestellte Ingenieur Emil Ritter von Škoda übernahm 1866 die Leitung der Fabrik, die zu dieser Zeit 33 Arbeitnehmer beschäftigte. Drei Jahre später ging das Werk in das Eigentum von Emil von Škoda über. Škodas Spezialität war ein hochwertiger Stahlguss, womit Bauteile und Maschinen aller Art gefertigt wurden. Die ausgezeichneten Eigenschaften des Škodastahls sprachen sich sehr schnell überregional und dann sogar international herum. Škoda lieferte komplette Industrieanlagen, z.B. für Zuckerfabriken und Brauereien. Vom Stahlproduzenten zum Waffenhersteller war es dann kein weiter Weg mehr. Ab 1890 gehörten Kanonen zum Fabrikationsprogramm.

1899 wurde der Betrieb in eine Aktiengesellschaft umgewandelt, an der Emil von Škoda die Aktienmehrheit behielt. Zu dieser Zeit waren bereits über 3.000 Arbeiter in den Škoda-Werken beschäftigt.

Am 8.August 1900 verstarb Emil von Škoda im Alter von 60 Jahren. Nachfolger als Generaldirektor der Škoda-Werke wurde sein Sohn Karel.

In der Zeit bis zum Ersten Weltkrieg übernahm Škoda mehrere andere bedeutende Maschinenfabriken in Böhmen und wurde immer mehr zum Rüstungskonzern. Die k.u.k. Monarchie bestellte Waffen in großer Zahl bei Škoda, was sich natürlich mit Ausbruch des Ersten Weltkriegs noch enorm verstärkte. 1917 arbeiteten mehr als 32.000 Menschen in den Škoda-Werken. Nach Kriegsende standen die Škoda-Werke vor enormen Problemen – so wie jeder Waffenproduzent, wenn wieder Friedenszeiten herrschen. Škoda fehlten die notwendigen Finanzmittel für eine Transformation des riesigen Rüstungskonzerns zu einer zivilen Industrieproduktion. Die Außenstände in Höhe von 560 Millionen Kronen gegenüber der österreichisch-ungarischen Militärverwaltung waren nach dem Untergang der k.u.k. Monarchie uneinbringbar. Der Mehrheitsaktionär und Generaldirektor der Škoda-Werke, Baron Karel von Škoda, musste etwa ein Jahr nach Gründung der Tschechoslowakei im Jahr 1919 aus dem Unternehmen ausscheiden. Der Verwaltungsrat der Firma wurde jetzt mehrheitlich mit tschechoslowakischen Staatsbürgern besetzt. Zum Vorsitzenden wurde Josef Šimonek bestellt, ein Gutsbesitzer, der auch politisch im neuen Staat großen Einfluss hatte.

Die Škoda-Werke brauchten jetzt dringend frisches Kapitel. Da der neue tschechoslowakische Staat um gute Beziehungen zu den Siegermächten des Ersten Weltkriegs bemüht war, fragte die neue Führung der Škoda-Werke beim französischen Rüstungskonzern Schneider et Cie. in Creusot an, ob dort Interesse an einer finanziellen Beteiligung an den Škoda-Werken bestehe. Schneider hatte durch die Waffenproduktion im Ersten Weltkrieg einen enormen Aufschwung erlebt und verfügte dadurch über erhebliche Finanzmittel. Andererseits spekulierte Schneider auf das Know-how des deutlich größeren Rüstungskonzerns Škoda. Deshalb stand einer Zusammenarbeit der beiden Firmen nichts im Wege. Schneider erwarb die Aktienmehrheit an Skoda durch Aktienkauf von Karel Škoda. Die Škoda-Werke erhofften sich Aufträge für die Friedensproduktion zum Wiederaufbau der französischen Industrie.

Nach dem Einstieg der Franzosen bei Škoda wurde die Firma in „Aktiengesellschaft vormals Škodawerke in Pilsen“ (Akciova společnost dřive Škodovy Závody v Plzni) umbenannt.

Jetzt ging es darum, schnellstmöglich neue Produkte für die Friedensproduktion zu finden. 1920 stieg Škoda in die Produktion und Reparatur von Lokomotiven ein, die sich in kurzer Zeit sehr erfolgreich entwickelte. Bis 1924 konnten über 1.000

Dampf-Lokomotiven neu gebaut, überholt oder modernisiert werden. Eine neue elektrotechnische Fabrik wurde ebenfalls zu einem wichtigen neuen Standbein der Škoda-Werke. Es kamen weitere neue Produkte hinzu, z.B. Motorpflüge, Benzin-Lokomobile für die Landwirtschaft, Dampflastwagen (Lizenz Sentinel, England), Luxus-Automobile (Lizenz Hispano-Suiza), Flugzeuge (Lizenz Dewoitine), Flugmotoren (Lizenz Lorraine-Dietrich), Dampfturbinen für Kraftwerke, Schiffsantriebe, und vieles mehr.

In dieser Zeit der Umstrukturierung bei Škoda entstand auch das bekannte Firmenlogo mit dem geflügelten Pfeil, das jahrzehntelang prägend für die Marke Škoda sein sollte.

Karel von Škoda hatte eine große Leidenschaft für das Reisen. Auf einer Tour durch Nordamerika soll ihn ein Diener indianischer Abstammung begleitet haben. Ein Foto dieses Begleiters mit Federnschmuck hing später in seinem Büro in Pilsen. Dieses Porträt diente als Vorlage für ein Relief, das ab 1915 über den Schreibtischen der leitenden Škoda-Mitarbeiter aufgehängt war. Dieses Relief soll den damaligen kaufmännischen Leiter der Škoda-Werke, Tomáš Maglič, zu einem Firmenlogo inspiriert haben. 1923 wurde das Motiv „Pfeil mit drei Federn im Ring" als Warenzeichen eingetragen und ab 1924 in der Firma allgemein verwendet.

Das Logo ist indianischen Motiven nachempfunden und zeigt einen nach rechts gerichteten Pfeil, an dem drei Federn angebracht sind – so wie das Indianer oft taten, damit die Pfeile leichter durch die Luft schneiden und schnell fliegen können. Im übertragenen Sinn steht der Pfeil für den Fortschritt und die Federn für die Spannweite des Fertigungsprogramms. Der weiße Kreis in der Mitte stellt ein scharfes Auge dar und symbolisiert eine hohe Präzision der Produktion. Der äußere Kreis steht sowohl für den Globus als auch für Perfektion.

In der Zeit der großen Veränderungen zu Anfang der 1920er Jahre fiel auch die Entscheidung der Firmenleitung von Škoda, in die Herstellung von Baggern einzusteigen.

Das Fabrikationsprogramm von Škoda umfasste bereits seit 1896 Krane verschiedener Art, vor allem Hafen- und Schiffskrane. 1905 wurde eine eigene Kranbau-Abteilung im Werk Doudlevce bei Pilsen gegründet. In der Zeit vor und während des Ersten Weltkriegs wurde jedoch der Kranbau aufgrund der vorrangigen Rüstungsproduktion zurückgestellt. Erst nach dem Krieg beschloss man, sich wieder verstärkt diesem Produktionszweig zu widmen. Im Jahr 1921 übernahm Skoda ein anderes großes tschechisches Maschinenbau-Unternehmen, die Vereinigten Maschinenfabriken AG vormals Škoda, Ruston, Bromovský & Ringhoffer mit Werksstandorten in Prag, Prag-Smichov, Königgrätz und Adamov bei Brünn. Diese Firma war durch den Zusammenschluss der drei Maschinenfabriken Ruston, Bromovský sowie Ringhoffer entstanden. Der Firmenname enthielt bereits den Namen „Škoda", weil die Škoda-Werke im Jahr 1914 einige ihrer Werksteile in Pilsen an diese Firma verkauft hatten. Jetzt kamen diese Werksteile – insbesondere der Stahlbrückenbau – wieder zu Škoda zurück. Mit den Produkten der Vereinigten Maschinenfabriken erweiterte sich das Portfolio der Skoda-Werke nochmals deutlich. In allen drei Werken wurden auch Krane hergestellt.

In der Kranabteilung des Werkes Prag-Smichov arbeitete seit 1916 der 30-jährige Ingenieur František Palik als Konstrukteur. Er stammte aus Mähren und hatte an der Maschinenbauschule in Přerov studiert. Ab 1902 konnte er erste Erfahrungen mit dem Kranbau bei der Firma Julius von Petrovic in Wien sammeln. Im Jahr 1905 kehrte er in seine mährische Heimat zurück und trat in die Firma Bromovský, Schulz & Sohr (Königgrätz) ein, wobei er in deren Zweigwerk in Adamov bei Brünn wieder im Kranbau – jetzt aber als Konstrukteur – tätig sein konnte. 1912 stieg er bereits zum Betriebsleiter des Werkes Adamov auf. 1916 wechselte er dann in das Werk Prag-Smichov der Vereinigten Maschinenfabriken.

Nach der Übernahme der Vereinigten Maschinenfabriken im Jahr 1921 wurde die Firmenleitung von Škoda auf diesen begabten und ehrgeizigen Ingenieur aufmerksam. Er wurde zum Beauftragten für den neu zu beginnenden Baggerbau im Werk Doudlevce bei Pilsen ernannt.

Aufgrund seiner Erfahrungen im Kranbau konnte sich Palik sehr schnell in die neue Materie einarbeiten. Allerdings informierte er sich auch sehr genau über die Konstruktionen anderer Bagger-Hersteller in Europa. Ein führender Baggerproduzent war damals Menck & Hambrock in Hamburg. Die Bauweise der Menck-Bagger beeindruckte František Palik am meisten, so dass er sich bei seiner ersten Baggerkonstruktion stark an den damaligen Menck-Baggern orientierte.

Der erste Škoda-Bagger wurde 1922 fertiggestellt. Es war ein Dampf-Hochlöffelbagger mit 2 m^3 Löffelinhalt auf einem

Das Škoda-Logo, wie es von 1924 bis 1986 für alle Škoda-Produkte typisch war. In leicht veränderter Form wird das Logo heute noch von Škoda (Pilsen) verwendet.

Schienenfahrwerk. Das Einsatzgewicht betrug 68 Tonnen. Der Dampfkessel am Heck des Baggers prägt das damals typische Erscheinungsbild von Dampfbaggern mit dem hohen Aufbau hinten. Das gesamte Maschinenhaus ist mit Holz verkleidet. Der Antrieb erfolgt durch zwei Dampfmaschinen, wobei die Hauptmaschine das Heben und Senken des Auslegers, die Drehbewegung des Oberwagens und die Vor -und Rückwärtsfahrt bewirkt. Eine kleinere Dampfmaschine am Ausleger ist für den Vorschub des Löffelstiels und die Steuerung der Löffelklappe zuständig. Im Grunde war der Bagger ein weitgehender Nachbau des Menck-Baggers Modell G, von dem zwischen 1905 bis 1920 rund 600 Stück gebaut worden waren und der 1920 vom verbesserten Modell G20 abgelöst wurde.

Der erste Skoda Dampfbagger im Tagebau Hrabák (1922) Škoda Archiv

Jedoch war der Škoda-Bagger auch mit einer Neuerung ausgestattet. František Palik hatte schon 1919 eine neuartige Löffelklappensteuerung entwickelt, die er 1920 patentrechtlich schützen ließ. Die meisten Bagger dieser Zeit hatten eine einfache Fallklappe am Löffelboden, die durch ein Zugseil entriegelt wurde. Nach dem Entleeren des Löffels musste der Baggerfahrer den Löffeleimer schnell absenken, damit sich die Klappe aufgrund der Schwerkraft wieder schloss und in den Federbügel einrastete. Paliks System war eine Zwangsklappensteuerung, die ein sanftes Öffnen und Schließen der Klappe in jeder Position ermöglichte. Dies wurde durch eine zusätzliche, innen liegende Zahnstange bewirkt.

Im Jahr 1925 belud der erste Škoda-Bagger schienengebundene Kippwagen über einen Trichter Škoda Archiv

Die Menck-Steuerung mit mehreren Hebeln war recht kompliziert. Zur Vereinfachung hatte Palik eine Steuerung mit nur zwei Hebeln konstruiert. Der rechte Hebel steuerte die Hub- und Senkbewegungen des Auslegers sowie den Fahrantrieb, der linke Hebel den Vorschub des Löffelstiels sowie das Öffnen und Schließen des Löffels. Grundlage ist ein dampfgesteuertes Lenkgetriebe, bei dem Kupplungs- und Bremssteuerung in einem einzigen Lenkhebel kombiniert sind. Auch darauf hatte Palik im Jahr 1920 einen Patentschutz erhalten.

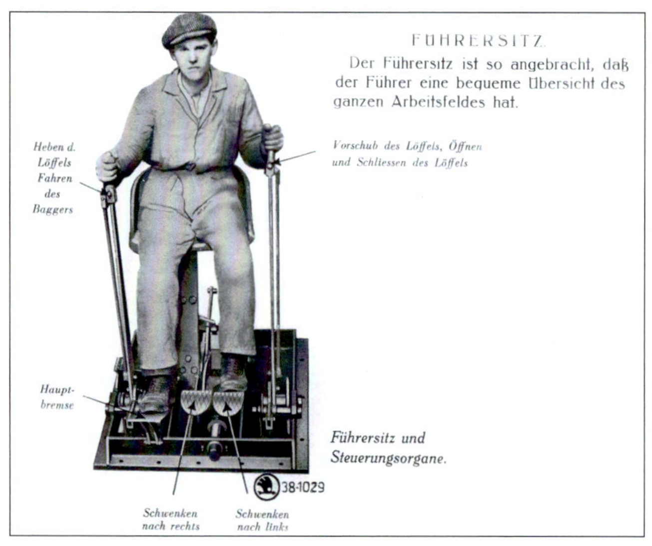

FÜHRERSITZ.

Der Führersitz ist so angebracht, daß der Führer eine bequeme Übersicht des ganzen Arbeitsfeldes hat.

Heben d. Löffels Fahren des Baggers

Vorschub des Löffels, Öffnen und Schliessen des Löffels

Haupt-bremse

Führersitz und Steuerungsorgane.

38-1029

Schwenken nach rechts

Schwenken nach links

Die für František Palik patentierte bedienerfreundliche Baggersteuerung im Jahr 1922

Der erste Škoda-Bagger wurde im Frühjahr 1922 an den Kohle-Tagebau Hrabák in Čepirohy bei Brüx (Most) geliefert. Dieser Tagebau wurde damals von den Škoda-Werken selbst betrieben. Der Bagger blieb dort bis 1949 im Einsatz.

Im Jahr 1923 bestellte das Prager Bauunternehmen Nejedlý Řehák zwei Exemplare des Škoda 2 m^3 Dampfbaggers, die noch im gleichen Jahr geliefert wurden. Die Firma hatte schon Erfahrungen mit anderen Dampfbaggern, z.B. von Orenstein & Koppel. Die beiden Škoda-Bagger entsprachen weitgehend dem ersten Exemplar von 1922; das Einsatzgewicht wurde jetzt mit 75 Tonnen angegeben.

Einer der beiden Škoda-Dampfbagger der Firma Nejedlý Řehák beim Bau einer neuen Eisenbahnstrecke bei Myjava in der nordwestlichen Slowakei (1924) Škoda Archiv

Die Baustelle in diesem Geländeeinschnitt zeigt, wieviel Handarbeit trotz des Baggereinsatzes noch notwendig war Škoda Archiv

Die ersten Škoda-Dampfbagger

Typ	Antrieb	Bauzeit	Anzahl	Löffel-inhalt	Einsatz-gewicht	Sonstiges
2 m^3	Dampf	1922	1	2,0 m^3	68 t	Schienen-Fahrwerk
2 m^3	Dampf	1923	2	2,0 m^3	75 t	Schienen-Fahrwerk

Im Jahr 1924 trat die Firma Kindl (Brüx) an Škoda heran mit dem Wunsch nach einem deutlich kleineren Bagger als die bisherige 2 m^3-Version. Die Fa. Kindl betrieb den kleinen Kohle-Tagebau „Jan" in Brüx (Most).

Die Škoda-Werke nahmen die Anregung auf und konstruierten einen kompakten Dampfbagger mit etwa 30 Tonnen Einsatzgewicht und 0,6 m^3 Löffelinhalt. Er hatte ein zweiachsiges Fahrgestell auf Schienen. Der Bagger war bewusst einfach ausgeführt, wies aber die gleichen Konstruktionsmerkmale auf wie der bisherige große Bagger.

Der kompakte 0,6 m^3 Dampfbagger im Kohle-Tagebau „Jan" in Brüx (1924) Škoda Archiv

Mitte der 1920er Jahre ging die Ära der schienengebundenen Bagger langsam zu Ende. Viele Bagger-Hersteller hatten schon seit einigen Jahren Bagger auf Raupenfahrwerken im Programm. Da konnte auch Škoda nicht zurückstehen und musste einen Raupenbagger anbieten.

Der Konstrukteur František Palik orientierte sich beim Raupenfahrwerk zunächst an amerikanischen Vorbildern. Er entwarf ein Kasten-Laufwerk mit kleinen Lauf- und Stützrollen.

Der erste Škoda-Raupenbagger hatte ein Einsatzgewicht von 45 Tonnen und einen Löffelinhalt von 1 m³. Der Antrieb erfolgte durch zwei Dampfmaschinen mit 50 PS bzw. 18 PS. Zum ersten Mal wurde das Maschinenhaus in Stahlblech ausgeführt.

Der Bagger wurde 1925 fertiggestellt und an die Firma Faigl aus Zlonice (Mittelböhmen) verkauft, die den Bagger zunächst im Tagebau und später zu allgemeinen Bauarbeiten einsetzte.

Der kleine Škoda-Dampfbagger

Typ	Antrieb	Bauzeit	Anzahl	Löffel-Inhalt	Einsatz-Gewicht	Sonstiges
0,6 m³	Dampf	1924	1	0,6 m³	30 t	Schienen-Fahrwerk

Der erste Škoda-Raupenbagger

Typ	Antrieb	Bauzeit	Anzahl	Löffel-Inhalt	Einsatz-Gewicht	Sonstiges
1 m³	Dampf	1925	1	1,0 m³	45 t	Raupen-Fahrwerk

Der erste Raupenbagger von Škoda beim Testeinsatz auf dem Škoda-Werksgelände (1925) – noch ohne Seitenverkleidung. Škoda Archiv

Hier setzt die Firma Ing. V. Faigl den ersten Škoda-Raupenbagger zu Rodungsarbeiten im Bereich des Bahnhofs Prag-Vršovice ein (1930). Škoda Archiv

ŠKODA BAGGER 1927 bis 1949

Die Baureihe I bis VII 1927 bis 1930

In den ersten fünf Jahren (1922 bis 1926) hatte Škoda gerade einmal fünf (!) Löffelbagger hergestellt. Außer Löffelbaggern waren in dieser Zeit zwar auch einige Eimerkettenbagger und Schwimm-Elevatorbagger entstanden. Von einer regulären Baggerproduktion konnte man aber bis dahin nicht sprechen.

Das sollte sich jetzt ändern. Ab 1925 betrieb Škoda offensiv Werbung für seine Bagger und druckte zum ersten Mal Produktkataloge in mehreren Sprachen, in denen die bisher produzierten Bagger ausführlich vorgestellt wurden.

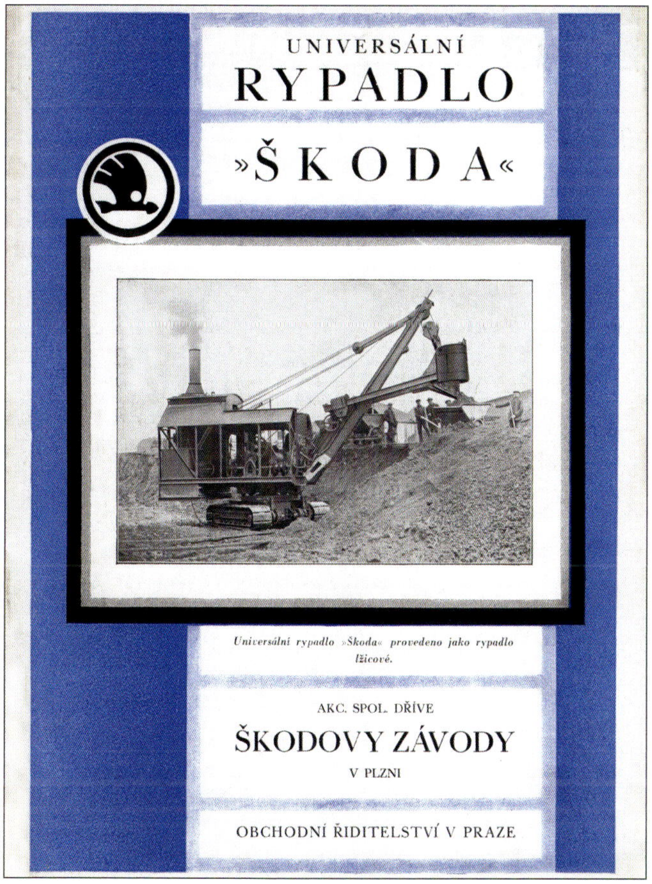

UNIVERSÁLNÍ
RYPADLO
»ŠKODA«

Universální rypadlo »Škoda« provedeno jako rypadlo lžicové.

AKC. SPOL. DŘÍVE
ŠKODOVY ZÁVODY
V PLZNI

OBCHODNÍ ŘIDITELSTVÍ V PRAZE

Ein früher Bagger-Prospekt von Skoda. Auf dem Titelblatt ist der erste Skoda Raupenbagger von 1925 abgebildet.

Außerdem beteiligte sich Škoda an internationalen Ausschreibungen für Bauprojekte, für die Bagger gesucht wurden. 1926 konnte man einen ersten Erfolg verbuchen. Das Land Kolumbien erteilte einen Auftrag für sieben Dampfbagger mit Raupenfahrwerk:

- 4 Stück in der 0,6 m3-Klasse
- 2 Stück in der 1,0 m3-Klasse
- 1 Stück in der 3,5 m3-Klasse

In den beiden leichteren Klassen hatte Škoda ja bereits Erfahrung. Ein Bagger mit einem Löffelinhalt von 3,5 m^3 war aber eine enorme Herausforderung. Hier ging es um einen Bagger mit einem Einsatzgewicht von weit über 200 Tonnen.

Der Konstrukteur František Palik nahm die Herausforderung an und entwickelte ein gigantisches Raupenfahrwerk mit vorderer Spannachse, zwei tragenden Achsen und zwei halbachsigen Antriebsachsen, die mit Doppelseitenführungen ausgestattet waren. Die Kettenbreite betrug 1,5 m.

Eine der gewaltigen Achsen und Laufräder für den 3,5 m^3-Bagger für Kolumbien
Škoda Archiv

Das Fahrwerk für den 3,5 m³ Dampfbagger mit den 1,5 m breiten Raupengliedern aus Elektrostahlguss hatte eine beeindruckende Dimension Škoda Archiv

Der 3,5 m³-Bagger war mit drei Dampfmaschinen ausgerüstet. Die stehende Dreizylinder-Hauptmaschine für den Hub- und Fahrantrieb mit einer Leistung von 250 PS war auf der linken Seite des Maschinendecks angeordnet. Eine kleinere liegende Zweizylinder-Maschine auf der rechten Seite (120 PS) sorgte für die Drehung des Oberwagens. Eine liegend am Ausleger montierte weitere Zweizylinder-Maschine (110 PS) war für den Löffelvorschub und die Löffelklappe zuständig.

Die beiden Löffelstiele wurden – wie schon bisher – als Doppelkastenträger ausgeführt. Die Reißzähne des Löffels bestanden aus Stahlguss und hatten auswechselbare Schneiden aus Manganstahl.

Der Bagger wurde 1927 fertiggestellt und hatte ein Einsatzgewicht von 242 Tonnen. Damit war er einer der größten bis dahin in Europa hergestellten Bagger.

Der 3,5 m³-Dampfbagger für Kolumbien auf dem Škoda-Werksgelände. Die drei Dampfmaschinen sind gut erkennbar (1927) Škoda Archiv

Die Verantwortlichen der Škoda-Werke präsentieren sich hier vor dem (fast) fertiggestellten Groß-Dampfbagger Škoda Archiv

So sah der 242-Tonnen-Bagger dann mit vollständiger Verkleidung des Maschinenhauses aus. Škoda Archiv

Der 0,6 m^3-Bagger für Kolumbien hatte nichts mehr mit dem ersten Bagger dieser Größe aus dem Jahr 1924 für die Fa. Kindl zu tun. Auch das Fahrwerk des ersten Škoda-Raupenbaggers von 1925 wurde nicht übernommen. Vielmehr entschied sich František Palik für eine Bauweise des Fahrwerks nach dem Vorbild der Menck-Bagger. Im Gegensatz zu den Menck-Baggern verwendete Palik aber keine durchgängig gleich großen Laufräder, sondern größere Räder nur jeweils an der Antriebs- und Spannachse und dazwischen etwas kleinere Leitrollen. Er versuchte damit, die Vorteile der zwei in Europa am meisten verbreiteten Systeme zu vereinen: Die hohe Stabilität und Standsicherheit eines Fahrwerks mit gleich großen Rädern und die bessere Anpassungsfähigkeit eines Pendelrollen-Fahrwerks an unebenes Gelände.

Der 0,6 m^3-Bagger hatte ein Einsatzgewicht von 32 Tonnen.

Die 1 m^3-Bagger für Kolumbien hatten die gleiche Bauweise wie der kleinere Bagger. Das Fahrwerk amerikanischer Art wie beim ersten Raupenbagger von 1925 wurde also nicht mehr verwendet.

Zwei der von Kolumbien bestellten 0,6 m^3-Dampfbagger in der Werkhalle von Škoda kurz vor der Fertigstellung im März 1928 Škoda Archiv

Nur einer der beiden von Kolumbien bestellten 1 m^3-Bagger wurde als Hochlöffel-Bagger ausgeführt. Das Fahrwerk entsprach dem 0,6 m^3-Typ, war allerdings länger mit drei Leitrollen. Škoda Archiv

Zum ersten Mal rüstete Škoda einen Bagger mit einem Fachwerk-Ausleger für den Schürfkübel-Einsatz aus. Es handelt sich hier um den zweiten Bagger der 1 m^3-Klasse für Kolumbien (1928).

Gemäß dem Auftrag aus Kolumbien musste der Schürfkübelbagger alternativ auch mit einer Ramme ausgestattet werden können Škoda Archiv

Im Jahr 1927 hatte Škoda erneut Erfolg bei einer internationalen Ausschreibung für eine Baggerlieferung. Die Eisenbahnverwaltung der Hafenstadt Dairen in China hatte einen 1,5 m3 Elektro-Hochlöffelbagger ausgeschrieben. Trotz erheblicher internationaler Konkurrenz konnte sich Škoda durchsetzen und erhielt den Zuschlag.

Der Bagger war für den Neubau einer Eisenbahnlinie und den Ausbau des Hafens der Stadt Dairen in der Mandschurei (Mandschukuo) vorgesehen. Diese Provinz im nordöstlichen China wurde damals vom japanischen Kaiserreich beherrscht. Die Hafenstadt trug deshalb den japanischen Namen Dairen. Heute heißt die Stadt wieder Dalian und ist die Hauptstadt der chinesischen Provinz Liaoning.

Der Auftrag war wieder einmal Neuland für das Škoda-Werk, das bisher noch keinen elektrisch angetriebenen Bagger gebaut hatte. Andererseits sollte das kein großes Problem darstellen, da Škoda in unmittelbarer Nähe des Baggerwerks auch über eine elektrotechnische Fabrik verfügte.

Ähnlich wie beim 3,5 m3 Bagger für Kolumbien entschied man sich bei Škoda für ein Raupenfahrwerk der Bauart „Menck“ mit 4 Achsen und gleich großen Laufrädern. Die Raupenketten hatten eine Breite von 80 cm. Der Bagger wurde von drei Elektromotoren angetrieben. Der Hauptmotor leistete 120 kW, der Hub- und Fahrmotor 85 kW und der Motor am Ausleger 36 kW. Der Bagger wurde über ein Kabel mit Strom einer Spannung von 3300 Volt versorgt. Ein Transformator im Bagger wandelte den Strom auf 220 Volt um.

Der Bagger hatte ein Einsatzgewicht von 75 Tonnen. Er wurde im Laufe des Jahres 1927 nach Dairen geliefert.

Hier wird der Elektrobagger vor Ort in Dairen aufgebaut. Škoda Archiv

Übergabe und erster Einsatz des 1,5 m^3 Baggers auf der Baustelle in Dairen

Škoda Archiv

Erstmals war auch deutlich auf dem Bagger zu lesen, wer der Hersteller ist. Auch das neue Škoda-Logo wurde verwendet.

Škoda Archiv

1927 konnte Skoda diesen Dampf-Raupenkran nach Japan liefern. Škoda Archiv

Der Škoda Raupenkran, der 1927 nach Buenos Aires geliefert wurde. Škoda Archiv

Ein weiterer Auslandsauftrag erreichte Škoda 1927 aus Argentinien. Bestellt wurde ein Raupenkran mit einer Tragkraft von zehn Tonnen. Erstaunlicherweise stattete Škoda diesen Kran mit einem Kastenlaufwerk aus, wie es vorher nur beim ersten Raupenbagger von 1925 verwendet worden war. Noch ungewöhnlicher war der Antrieb durch einen Benzinmotor.

Da Škoda nach diesen Auslandsaufträgen einige Bagger verschiedener Art und Größe gebaut hatte, die aber alle individuelle Einzelstücke gewesen waren, sah man bei Škoda im Jahr 1928 die Notwendigkeit einer Standardisierung der Bauteile und auch der Baggertypen selbst. In einem Verkaufskatalog von 1928 wurde erstmals eine komplette Baureihe von standardisierten Dampf- und Elektrobaggern jeweils in sieben Baugrößen vorgestellt, die man mit römischen Zahlen von I bis VII bezeichnete. Wahlweise wurde ein Schienen- oder Raupenfahrwerk angeboten sowie jeweils wahlweise ein starrer oder beweglicher Ausleger. Diese Varianten erhielten dann einen zusätzlichen Buchstaben in der Typenbezeichnung, z.B. I d war ein Dampf-Raupenbagger mit beweglichem Ausleger. Als Ausrüstungen wurden Hochlöffel, Schleppschaufel, Kran, Greifer oder Ramme angeboten. Nicht im Programm waren Bagger mit Verbrennungsmotor oder mit Tieflöffel-Ausrüstung.

Viele dieser Typen waren noch nie gebaut worden und stellten damit nur ein theoretisches Angebot dar.

Auf diesem Bild ist ein Dampfbagger im Aufbau auf dem Škoda-Werksgelände zu sehen, der einen 4,5 m³ Hochlöffel erhalten sollte (1927). Dieser Bagger wäre damit fast in der gleichen Größenordnung gewesen wie der gigantische Menck KRA aus dem gleichen Jahr. Es ist jedoch nichts darüber bekannt, ob Škoda einen Auftrag zum Bau eines solchen Groß-Baggers erhalten hatte oder ob er jemals fertiggestellt wurde. Ausgeliefert wurde dieser Škoda-Bagger jedenfalls nie.

Škoda Archiv

Skoda Bagger-Programm 1928-1930

Typ	Varianten[1]	Löffelinhalt	Gewichts-klasse	gebaute Stückzahl[2]
I	a bis h	0,6 m³	30 t	5
II	a bis h	1,0 m³	50 t	9
III	a bis h	1,5 m³	75 t	1
IV	a bis h	2,0 m³	100 t	3 *
V	c/d/g/h	2,5 m³	ca.150 t	0
VI	c/d/g/h	3,5 m³	250 t	1
VII	c/d/g/h	4,5 m³	ca.350 t	0

[1] Varianten:
a: Dampfbagger auf Schienen / starrer Ausleger
b: Dampfbagger auf Schienen / beweglicher Ausleger
c: Dampfbagger auf Raupen / starrer Ausleger
d: Dampfbagger auf Raupen / beweglicher Ausleger
e: Elektrobagger auf Schienen / starrer Ausleger
f: Elektrobagger auf Schienen / beweglicher Ausleger
g: Elektrobagger auf Raupen / starrer Ausleger
h: Elektrobagger auf Raupen / beweglicher Ausleger

[2] Stückzahl
alle bis 1930 gebauten Bagger (auch vor Typisierung)

* frühe Versionen mit 68 bis 75 t

Die Weltwirtschaftskrise 1929 wirkte sich natürlich auch auf Maschinenbauunternehmen wie Škoda aus. Schon 1928 hatte Škoda keinen neuen Auftrag für einen Löffelbagger erhalten. 1929/30 konnten zumindest drei Elektrobagger der Baureihe II (1 m³-Klasse) an Kunden im eigenen Land geliefert werden sowie einer an die UdSSR.

Bei diesen Baggern wurde erstmals das neu gestaltete und jetzt standardisierte Fahrerhaus mit deutlich mehr Glasflächen verwirklicht. Der Fahrer hatte jetzt eine wesentlich verbesserte Sicht vor allem auch nach oben in Richtung des Auslegers und Löffels.

Die Larisch-Mönische Bergdirektion erhielt 1929 einen Bagger des Typs II-h (Löffelinhalt 1 m^3) mit Elektroantrieb für den Einsatz in einer Sandgrube in Karvin (Karviná) im östlichen Tschechien
Škoda Archiv

Ein weiterer Bagger des Typs II-h wurde 1929 an einen Steinbruch in Orlová-Lazy (ebenfalls bei Karvin) geliefert. Ein zweiter II-h folgte ein Jahr darauf.
Škoda Archiv

Teil 2: Die Baureihen P/E/N/D 1931 bis 1949

Die 1928 erfolgte Standardisierung der Baggertypen hatte sich in den Zeiten der Weltwirtschaftskrise kaum in die Praxis umsetzen lassen, da in dieser Zeit nur wenige Aufträge für neue Bagger bei Škoda eingingen. Man musste einsehen, dass das umfangreiche Angebot verschiedener Baggertypen von 30 bis über 300 Tonnen zu optimistisch gedacht war. Vor allem für sehr schwere Bagger über 100 Tonnen Einsatzgewicht bestand momentan überhaupt keine Nachfrage mehr. Außerdem war jetzt niemand mehr an Baggern auf Schienen-Fahrwerken interessiert. Skoda musste also „kleinere Brötchen backen" und das erst 1928 euphorisch vorgestellte Bauprogramm drastisch zusammenstreichen.

Im Jahr 1931 stellte Skoda ein neues Baggerprogramm vor. Das waren keine Neuentwicklungen sondern lediglich eine Umstrukturierung des Angebots mit neuen Typenbezeichnungen. Anstatt der römischen Zahlen führte Skoda jetzt den Buchstaben P für Dampfbagger (parni rýpadla auf tschechisch) und den Buchstaben E für Elektrobagger ein. Dahinter folgte der jeweilige Löffelinhalt. Der Typ P 1½ war also ein Dampfbagger mit 1,5 m³ Löffelinhalt. Das Programm wurde auf vier Grundtypen mit Löffelinhalten von 0,6 / 1,0 / 1,5 / 2,0 m³ beschränkt.

Die zwei kleineren Typen waren jetzt erstmals als echte Universalbagger erhältlich, d.h. sie konnten jederzeit auf verschiedene Arbeitsgeräte umgerüstet werden. Auch eine Tieflöffel-Ausrüstung war jetzt möglich.

In diesen schwierigen Zeiten half ein Großauftrag aus der UdSSR für 33 Bagger den Škoda-Werken aus der Krise. Der Auftrag ging 1931 bei Škoda ein mit der Vorgabe, die Bagger in mehreren Teillieferungen bis 1933 in die UdSSR zu liefern. Folgende Bagger wurden von der UdSSR bestellt:

- 11 Dampfbagger des Typs P 2
- 19 Elektrobagger des Typs E 2
- 3 Elektrobagger des Typs E 2S

Dieser Großauftrag führte zu einer unerwarteten Auslastung des Škoda-Baggerwerks. Die Werkhalle für den Baggerbau erlaubte nur die gleichzeitige Montage von maximal fünf Baggern dieser Größenordnung. Deshalb wurde die Bestellung auf Tranchen von jeweils vier oder fünf Baggern aufgeteilt.

Der größte Typ E 2S sollte einen Löffelinhalt von 2,25 m³ haben. Ein solcher Bagger befand sich noch gar nicht im Bauprogramm von Škoda und musste erst entwickelt werden. Das geschah dann bis 1932, als das erste Exemplar dieses neuen schweren Elektrobaggers mit 118 Tonnen Einsatzgewicht vorgestellt werden konnte.

Aber auch die Typen P 2 und E 2 in der 100-Tonnen-Klasse waren Typen, die Škoda bisher nicht gebaut hatte. Auf die längst überholte Konstruktion der ersten Škoda-Dampfbagger mit 2 m³ Löffelinhalt konnte man nicht mehr zurückgreifen. Aber aufgrund der erfolgten Standardisierung der Bauteile diente vor allem der 1927 nach China gelieferte 75-Tonnen Elektrobagger als Basis für die jetzt von der UdSSR bestellten Typen.

Der erste E 1 Elektrobagger nach Einführung der neuen Nomenklatur …

… geliefert im Mai 1931 an das Zementwerk Vitkovice in Štramberk
Škoda Archiv

Hier sind zwei der in die UdSSR gelieferten Dampfbagger P 2 in den Varianten mit Hochlöffel und Schleppschaufel zu sehen (1933) Škoda Archiv

Škoda hatte inzwischen einen Gittermast für den Schürfkübelbagger entwickelt, der sich deutlich von dem früheren Fachwerk-Ausleger unterschied

Škoda Archiv

Ein Blick in die Werkhalle von Škoda im Jahr 1931 zeigt die beengten Verhältnisse. Hier werden gerade vier Stück der von der UdSSR bestellten Elektrobagger E 2 gleichzeitig montiert.

Škoda Archiv

Fertigstellung des ersten für die UdSSR vorgesehenen Elektrobaggers E 2, Bau-Nr. 28-E2-31 (1931).
Škoda Archiv

Einer der neu entwickelten 118-Tonnen Elektrobagger E 2S beim ersten Einsatz in der UdSSR (1933), Bau-Nr. 47S-E2-33. Škoda Archiv

Der neue Skoda-Baggerprospekt von 1934 präsentierte dann auf dem Titelblatt das neue Spitzenmodell E 2S. Škoda Archiv

Nach Abwicklung des UdSSR-Auftrags wurden viele Jahre keine Dampf- oder Elektrobagger in dieser Größenordnung mehr bei Škoda bestellt. Erst mit Ausbruch des Zweiten Weltkriegs stieg der Bedarf an Rohstoffen schlagartig an und es wurden wieder große Tagebau-Bagger benötigt. Ab 1939 baute Škoda wieder Dampfbagger des Typs P 2, wobei das letzte Exemplar erst nach dem Krieg im Jahr 1947 ausgeliefert wurde. Elektrobagger des Typs E 2 wurden wohl nach 1933 nicht mehr gebaut. Dagegen konnte Škoda während des Zweiten Weltkriegs und danach noch einige Bagger des Typs E 1 ausliefern.

Ab Ende der 1920er Jahre tauchten vermehrt Bagger mit Dieselmotoren auf dem Markt auf. Vor allem der Menck-Bagger M III mit Dieselmotor wurde von vielen Kunden gut angenommen – auch in der Tschechoslowakei. Deshalb überlegte man auch bei Škoda, ob man einen Dieselbagger entwickeln sollte. Abgesehen von einem einzelnen Raupenkran hatte Škoda bisher keinen Bagger mit einem Verbrennungsmotor gebaut.

Zunächst ging Škoda aber einen ungewöhnlichen Weg. Man wollte einen leichten und möglichst einfachen, vor allem aber preiswerten Bagger mit Verbrennungsmotor anbieten. In den USA gab es seit einiger Zeit kleine Bagger mit einem eingeschränkten Schwenkbereich des Auslegers bis maximal 270° und einem fest auf dem Raupen-Fahrgestell montierten Verbrennungsmotor, meist ein Standardmotor eines Traktorenherstellers. Beispiele waren der Austin-Western Badger, Bearcat oder Michigan. Ein weiterer solcher Bagger war die „Universal Power Shovel" – eine Konstruktion des Bruders von Henry Ford, William Ford, und deshalb anfangs als „Wilford Shovel" bekannt. Wie die Škoda-Werke ausgerechnet auf dieses Fabrikat aufmerksam wurden, ist nicht überliefert. Jedenfalls kaufte Škoda im Jahr 1930 einen solchen Bagger zu Testzwecken. Im Škoda-Produktkatalog 1931 tauchen dann erstmals „Normal-Dieselbagger auf Raupenbändern" auf, bei denen zumindest der Ausleger und Löffelstiel auf dieser Universal Power Shovel basierte. Allerdings hatten diese Bagger einen endlos drehenden Oberwagen mit dem Motor auf dem Oberteil. Es gab zwei Typen (N 0,6 / N 1), die mit Hoch- oder Tieflöffel mit dem entsprechenden Löffelinhalt ausgerüstet werden konnten. Angetrieben wurden diese Bagger von stehenden Škoda Stationär-Dieselmotoren aus dem Škoda-Werk Prag-Smichov mit 60 bzw. 90 PS bei 800 U/min. Das Fahrwerk entsprach ebenfalls nicht dem amerikanischen Vorbild.

Der Katalog enthält keine Abbildung eines solchen Baggers, sondern nur Schnittzeichnungen. Es ist unwahrscheinlich, dass Škoda jemals einen solchen Bagger tatsächlich gebaut hat.

Dieser P 2 Dampfbagger wurde 1940 an einen großen Tagebau geliefert

Dieses Bild aus dem Jahr 1958 zeigt einen P 2 Dampfbagger von 1942 beim Beladen von Kohlezügen im Tagebau Lipnik der westböhmischen Falkenauer Kohlewerke (Uhelná Sokolov)

Der letzte Skoda Dampfbagger der Vorkriegsbaureihe verließ 1947 die Werkhalle. Es war ein P 2 mit der Bau-Nr. 129-P2-47.
Škoda Archiv

Der letzte E 1 Elektrobagger, Bau-Nr. E1-575-49, ausgeliefert 1949, im Steinbrucheinsatz. Der Bagger war jetzt vollständig geschweißt und der Oberwagen komplett mit Stahlblech verkleidet. Damit wirkte er wesentlich moderner als der E 1 aus den 1930er Jahren. Škoda Archiv

Dieses Originalfoto einer „Universal Power Shovel" aus den USA aus dem Jahr 1930 ist im Škoda-Archiv enthalten. Škoda führte zumindest Tests mit einem solchen Bagger aus. Škoda Archiv

Die Entwicklung eines Dieselbaggers wurde bei Škoda ab 1931 erst einmal zurückgestellt, da man jetzt mit der Bearbeitung des russischen Großauftrags genügend beschäftigt war.

Ab 1933 hatte die Konstruktion eines Dieselbaggers aber absolute Priorität, denn die Zeit der Dampfbagger war – zumindest in den kleinen und mittleren Größenklassen – so gut wie vorbei. Als Grundbagger wählte man diesmal den relativ schweren 50-Tonnen Elektrobagger E 1 aus, um daraus den ersten Dieselbagger zu entwickeln. Im Jahr 1934 war der erste Dieselbagger D 1 fertiggestellt.

Es war ein Universalbagger, der mit allen gängigen Arbeitseinrichtungen ausgerüstet werden konnte – einschließlich Tieflöffel. Das Fahrwerk entsprach dem E 1 mit vier Achsen und gleich großen Laufrädern. Den Dieselmotor konnte man vom konzerneigenen Werk in Prag-Smichov beziehen. Dort hatte man in den 1920er Jahren mit dem Nachbau langsam laufender Rohöl-Motoren nach ausländischen Lizenzen begonnen, die hauptsächlich für Schiffsantriebe vorgesehen waren. Ab 1930 entwickelte das Werk Prag-Smichov eigene Zweitakt- und Viertakt-Dieselmotoren. Darunter waren auch Motortypen, die sich für den Antrieb von Baggern eigneten. Bald stand die Motorenbaureihe S160 in Baukastenform zur Verfügung, die dann zum Standardantrieb der Škoda-Dieselbagger werden sollte.

Die Škoda-Dieselbagger waren von Anfang an mit einer Luftsteuerung ausgestattet, womit sie ihrer Zeit weit voraus waren. Neben dem Dieselmotor war ein Kompressor angeordnet, der von diesem angetrieben wurde und Druckluft für die Steuerelemente lieferte. Bagger mit Luftsteuerung hatte damals kaum ein Konkurrenzfabrikat zu bieten.

Skoda stellte schon 1934 ein komplettes Programm von Dieselbaggern in sechs Größenklassen mit Löffelinhalten von 0,3 bis 1,5 m^3 vor. Allerdings war das wiederum nur ein theoretisches Angebot; einige Typen wurden erst später oder auch gar nicht gebaut. Zum D 1 kam 1936 der D 0,8 und schließlich 1938 der D 1,5 dazu. Alle kleineren Typen sind mit großer Wahrscheinlichkeit nie realisiert worden. 1938 erschien kurzzeitig ein 112-Tonnen Dieselbagger D 2 mit einem Einsatzgewicht von 112 Tonnen in den Katalogen. Aber auch dieser Typ wurde nie produziert. Am beliebtesten war der D 0,8, von dem erst 1947 die letzten Exemplare das Werk verließen.

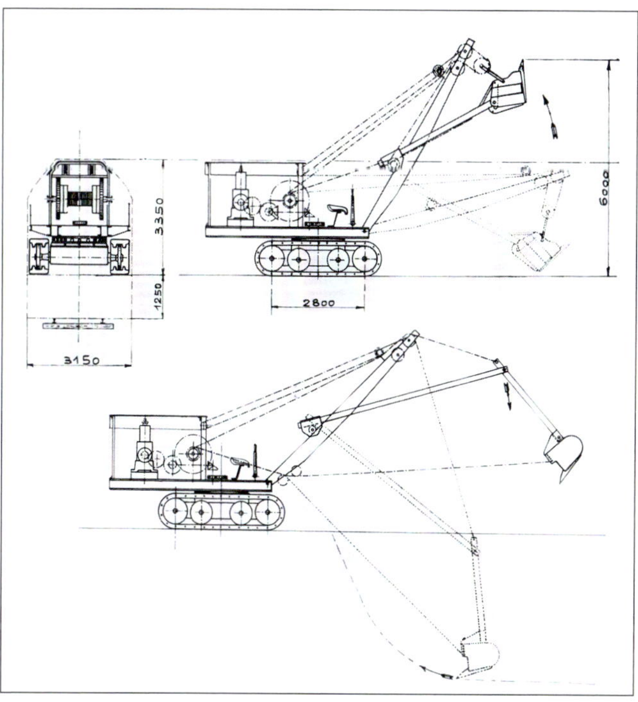

Der Škoda Bagger-Katalog von 1931 enthält diese Schnittzeichnung eines „Normal-Dieselbaggers", Type N 0,6 und N 1. Tatsächlich gebaut wurde er wohl nie.

Der erste Skoda-Dieselbagger, ein D 1, Bau-Nr. 48-D1-34, der 1934 an die Baufirma Konstruktiva in Prag geliefert wurde. Škoda Archiv

Der gleiche Bagger D 1 der Fa. Konstruktiva, hier im Einsatz im Jahr 1940. Škoda Archiv

Hier ist im Juli 1936 der erste D 0,8 Dieselbagger fertiggestellt worden. Zum ersten Mal versuchte Skoda, das Maschinenhaus deutlich niedriger auszuführen. Škoda Archiv

Der erste D 0,8 wurde an die Baufirma Bata in Zlin im östlichen Tschechien geliefert.

Škoda Archiv

Der D 0,8 mit dem niedrigen Aufbau blieb ein Einzelstück. Offenbar wünschten die Kunden weiterhin ein begehbares Maschinenhaus. Ab 1937 wurde deshalb der Aufbau auch beim D 0,8 konventionell ausgeführt. Hier der D 0,8, Bau-Nr. 57-D0,8-39 von 1939 der Baufirma Beneš in Přerov. Der Druckluftbehälter für die Luftsteuerung ist hier gut sichtbar.

Škoda Archiv

Die Version 1940 des D 0,8 wurde nochmals geändert und erhielt einen Lüfteraufbau auf dem Maschinenhaus. Eingesetzt wurde dieser Bagger von der Baufirma Ing. Kruliš (Prag).

Škoda Archiv

Mit diesem D 0,8 wurde 1941 die Auslieferung des 100. Škoda-Löffelbaggers gefeiert. Das Fahrerhaus ist bei dieser Version vorne leicht erhöht, um die Sicht nach oben zu verbessern.

Škoda Archiv

Hier ist einer der letzten D 0,8, Bau-Nr.130-D0,8-47 in der Škoda-Werkhalle im Jahr 1947 zu sehen. Inzwischen enthielt der Oberwagen keine Holzteile mehr, sondern war komplett in Stahlblech ausgeführt. Außerdem gab es Schiebetüren nach Menck-Vorbild.

Škoda Archiv

Ein weiterer D 0,8, Bau-Nr.135 aus der letzten Bauserie von 1947 arbeitet hier im gleichen Jahr auf der Baustelle des Prager Strahov-Sportstadions. ČTK-Fotobanka

Auf dem Bild links ist die verbesserte Löffelklappensteuerung gut zu sehen, auf die František Palik nochmals ein Patent erhalten hatte
Škoda Archiv

Bild oben: Der schwere Dieselbagger D 1,5 mit 67 Tonnen Einsatzgewicht kam erst 1938 auf den Markt Škoda Archiv

Dieser D 1,5 war 1939 an die Firma Albert Wirths in Deutschland geliefert worden und ist hier 1975 noch immer im Einsatz in einem Werksteinbruch in Kirchheim bei Würzburg. Škoda Archiv

Zum Zeitpunkt dieser Aufnahme (1988) war der D 1,5 dann schon abgestellt und nicht mehr in Gebrauch.

Sogar im Jahr 2002 stand der D 1,5 aus dem Jahr 1939 immer noch in dem inzwischen aufgelassenen Teil des Kirchheimer Steinbruchs. Zu diesem Zeitpunkt war es sicher der letzte weltweit noch existierende Original-Škoda Bagger aus der Vorkriegszeit. Um 2003 wurde er verschrottet.

Die Baufirma Konstruktiva aus Prag hatte mehrere Škoda-Bagger im Einsatz. Hier arbeitet ein D 1,5 im Jahr 1940 ebenfalls beim Bau der Autobahn Breslau-Brünn-Wien. Dieser Autobahnbau war von Deutschland als kriegswichtig eingestuft worden. Škoda Archiv

Dieser D 1,5 der Baufirma Funke arbeitet beim Autobahnbau 1940 bei Želešice bei Brünn Škoda Archiv

Am 29.09.1938 schloss das national-sozialistische Deutschland mit den drei Westmächten das sogenannte „Münchner Abkommen", wonach die Tschechoslowakei das überwiegend von Deutschen besiedelte Sudetenland an Deutschland abzutreten hatte. Hitler reichte dieses Abkommen aber nicht aus und er ließ im März 1939 die gesamte Tschechoslowakei von Deutschland besetzen. Es wurde das von Deutschland beherrschte Protektorat Böhmen und Mähren gegründet.

Als Folge dieser politischen Ereignisse kamen ab März 1939 viele tschechische Unternehmen unter deutschen Einfluss. Dazu gehörte auch Škoda, dessen Aktienmehrheit bis dahin immer noch der französische Rüstungskonzern Schneider & Cie. hielt. Aufgrund des Münchner Abkommens verkaufte Schneider & Cie. sein Aktienpaket im Winter 1938/39 überwiegend an den tschechischen Waffenproduzenten Zbrojovka Brno, der mehr oder weniger in tschechischem Staatsbesitz war. Zbrojovka Brno wurde nach der deutschen Annexion der Tschechoslowakei von der national-sozialistischen Firmen-Holding „Reichswerke Hermann Göring" in Waffenfabrik Brünn umbenannt und unter deutsche Führung gestellt. Dadurch gewannen die Hermann-Göring-Werke indirekt auch maßgeblichen Einfluss auf die Škoda-Werke.

In dieser Zeit kam es dann auch zum ersten Kontakt zwischen Škoda und dem deutschen Baggerhersteller Menck & Hambrock, der letztlich in eine Lizenzproduktion von Menck-Baggern bei Škoda mündete. Dazu mehr im nächsten Kapitel.

Noch in dieses Kapitel gehört aber eine Baggerentwicklung von Škoda, die zwar schon durch Einflüsse von Menck geprägt war, aber keine reine Lizenz-Produktion eines Menck-Baggers darstellte.

Im Jahr 1940 lieferte Škoda zwei schwere Elektro-Steinbruchbagger des neuen Typs E 3S (auch als E $3\frac{1}{3}$-S bezeichnet) an den Kalksteinbruch Winterberg im Harz, der von den Reichswerken Hermann Göring betrieben wurde. Mit 192 Tonnen Einsatzgewicht und einem Felslöffel von 3,3 m^3 war es der größte bisher von Škoda gebaute Elektrobagger. Außerdem war es der erste Škoda-Elektrobagger mit einer Ward-Leonard-Steuerung, bei der über einen Transformator die Motoren einen Gleichstrom-Generator mit konstanter Geschwindigkeit antreiben. Über eine 3000-V Stromversorgung wurden beim E 3S drei Elektromotoren mit einer Gesamtleistung von 388 kW angetrieben.

Menck hatte 1938 den ersten Prototyp des schweren Steinbruch-Elektrobaggers Typ E vorgestellt, der dann zum EN weiterentwickelt wurde. Der Škoda E 3S war zwar keineswegs identisch mit dem Menck EN, hatte aber ähnliche technische Merkmale. Die beiden Skoda E 3S für den Kalksteinbruch Winterberg blieben Einzelstücke.

Der erste Skoda E 3⅓-S, Bau-Nr.79-3⅓S-40 beim Beladen schwerer Eisenbahnkipper im Kalksteinbruch Winterberg im Harz, der sich ab 1939 zum größten Steinbruch Deutschlands entwickelte. Škoda Archiv

Hier ist der zweite Skoda E 3⅓-S, Bau-Nr.80-3⅓S-40 im Abraum des Kalksteinbruchs Winterberg im Einsatz. Škoda Archiv

Škoda Dampfbagger 1931 bis 1947

Typ	Bauzeit		Löffel-Inhalt [2]	Einsatz-Gewicht [3]	Stückzahl [4]	
	Im Programm	tats. gebaut [1]			bis 1937	ab 1938
P 0,6	1931-1940	X	0,6 m^3	31/32 t	0	0
P 1	1931-1940	X	1,0 m^3	49/53,5 t	0	0
P 1½	1931-1940	X	1,5 m^3	79/87 t	0	0
P 2	1931-1947	1933/39-47	2,0 m^3	107/108 t	12	mind. 6

[1] X = nie gebaut [2] Hochlöffel [3] unterschiedliche Angaben im Laufe der Bauzeit

[4] Stückzahl bis einschl. 1937 belegt, ab 1938 nicht bekannt bzw. geschätzt

Škoda Elektrobagger 1931 bis 1949

Typ	Bauzeit		Löffel-Inhalt [2]	Einsatz-Gewicht [3]	Stückzahl [4]	
	Im Programm	tats. gebaut [1]			bis 1937	ab 1938
E 0,6	1931-1940	X	0,6 m^3	31/32 t	0	0
E 1	1931-1949	1931/40-49	1,0 m^3	52/52,7 t	1	mind. 5
E 1½	1931-1940	X	1,5 m^3	75/78 t	0	0
E 2	1931-1945	1931-1933	2,0 m^3	107/108 t	19	0
E 2¼-S	1933-1945	1933/39-45	2,25 m^3	114/118 t	3	mind. 6
E 2½	1931-1940	X	2,5 m^3	128 t	0	0
E 3⅓-S	1940-1945	1940	3,3 m^3	192/196 t	0	2

[1] X = nie gebaut [2] Hochlöffel [3] unterschiedliche Angaben im Laufe der Bauzeit

[4] Stückzahl bis einschl. 1937 belegt, ab 1938 nicht bekannt bzw. geschätzt

Škoda Dieselbagger 1931 bis 1947

Typ	Bauzeit		Löffel-Inhalt [2]	Einsatz-Gewicht [3]	Škoda Dieselmotor	Stückzahl [4]	
	Im Programm	tats. gebaut [1]				bis 1937	ab 1938
N 0,6	1931-1932	X	0,6 m^3	28 t	60 PS (800 U/min)	0	0
N 1	1931-1932	X	1,0 m^3	52 t	90 PS (800 U/min)	0	0
D 0,3	1934-1938	X	0,3 m^3	16,8 t	35 PS	0	0
D 0,4	1939-1940	X	0,4 m^3	21,5 t	48 PS	0	0
D 0,45	1934-1938	X	0,45 m^3	24,5 t	50 PS	0	0
D 0,5	1941-1945	X*	0,5 m^3	n.n.	4S110*	0	0*
D 0,6	1934-1940	1937	0,6 m^3	31/34 t	3S160* / 60 PS ab 1939: 3SB160 / 72 PS	1	0*
D 0,8 [5]	1934-1936	1936	0,8 m^3	36/39,5 t	3S160* / 70 PS	1	0
D 0,8 [6]	1937-1947	1936	0,8 m^3	36/39,5 t	3S160* / 70 PS ab 1939: 3SB160 / 72 PS	0	n.n.
D 1	1934-1945	1934-40	1,0 m^3	45/54 t	4S160* / 96 PS ab 1939: 4SB160 / 96 PS	1	mind. 11
D 1,5	1934-1945	1938-41*	1,5 m^3	64/75 t	6S160 / 144 PS ab 1939: 6SB160/144 PS	0	n.n.
D 2	1938-1940	X	2,0 m^3	112 t	192 PS	0	0

[1] X = nie gebaut [2] Hochlöffel [3] unterschiedliche Angaben im Laufe der Bauzeit

[4] Stückzahl bis einschl. 1937 belegt, ab 1938 nicht bekannt bzw. geschätzt [5] erste Version (niedriges Maschinenhaus)

[6] zweite Version * vermutlich

TSCHECHISCHE MENCK BAGGER
in den Kriegsjahren und danach

Teil 1: Die Menck-Bagger von 1939 bis 1945

Wie bereits erwähnt, kamen die Škoda-Werke nach der deutschen Annexion der Tschechoslowakei im März 1939 unter deutsche Kontrolle. Nach der Übernahme des 80-prozentigen Aktienpakets, das vom tschechoslowakischen Staat an dem Brünner Waffenproduzenten Zbrojovka gehalten wurde, durch das deutsche Finanzministerium erhielt die deutsche Schwerindustrie unmittelbaren Zugriff auf die Škoda-Werke. Zbrojovka war ja inzwischen durch den Kauf der Aktien vom französischen Schneider-Konzern Mehrheitseigner der Škoda AG geworden. Das deutsche Finanzministerium übergab dann das Aktienpaket der neuen Holding „Vereinigte Stahlwerke" und der Dresdner Bank zur Verwaltung. Die Leitung der Škoda-Werke wurde den Reichswerken Hermann Göring AG übertragen. Schnell wurde angeordnet, dass jetzt die Rüstungsproduktion bei Škoda absoluten Vorrang haben muss.

Allerdings wurde auch die Baggerproduktion als kriegswichtig eingestuft, weil im gesamten deutschen Reich ein hoher Bedarf an Baggern aufgrund des stark ausgeweiteten Rohstoffabbaus bestand. Die deutschen Hersteller konnten diesen Bedarf nicht mehr decken, weil sie zum Teil zur Waffenproduktion herangezogen wurden. Vor allem der führende deutsche Baggerproduzent Menck & Hambrock war an die Grenzen der Kapazität seines Hamburger Werks gelangt. Da bot es sich an, die Herstellung von Menck-Baggern zumindest teilweise nach Pilsen zu Škoda auszulagern. Škoda erhielt dafür eine Lizenz. Im Škoda-Baggerwerk waren allerdings auch nur in geringem Umfang Kapazitäten frei, weil genügend Bestellungen für eigene Škoda-Bagger vorlagen, die auch nach dem Willen der jetzt deutschen Firmenleitung abgearbeitet werden sollten.

Aber es gab ja noch andere große Maschinenfabriken im Protektorat Böhmen und Mähren. Hauptkonkurrent von Skoda in den 1930er Jahren war bei Rüstungsgütern und Lokomotiven das Prager Unternehmen ČKD (Českomoravska-Kolben-Daněk, a.s.). Dieser Firma sind wir ja in diesem Buch bereits im ersten Kapitel begegnet.

ČKD wurde im März 1939 komplett von der deutschen Führung übernommen und in „Böhmisch-Mährische Maschinenfabrik AG" umbenannt. Der Hauptaktionär von ČKD, Emil Kolben, war jüdischer Abstammung und wurde deshalb gezwungen, seine Anteile zu verkaufen.

Auch wenn ČKD ein Hersteller von – für das deutsche Reich – wichtigen Panzern war, gab es im Werk Schlan bei Prag (Slaný) noch freie Kapazitäten. Deshalb sollte überwiegend ČKD die Produktion von Menck-Baggern übernehmen. Im April 1939 bestellte die Deutsche Reichsautobahnverwaltung eine größere Anzahl von Menck-Baggern bei Škoda und ČKD:

- 85 Bagger vom Typ Mb
- 45 Bagger vom Typ Mc

Die Aufteilung auf die beiden tschechischen Werke überließ man den dortigen Firmenleitungen. Allerdings sollte der Typ Mc ausschließlich bei ČKD produziert werden, während für den Mb beide Werke – jeweils entsprechend ihren Möglichkeiten – zuständig sein sollten.

Nach einer Quelle sollen bei ČKD im Jahr 1939 anfangs auch einige Exemplare des zweitkleinsten Menck-Baggers Ma produziert worden sein. Gesicherte Erkenntnisse hierüber liegen aber nicht vor.

Das Menck-Bagger-Programm im Jahr 1939 setzte sich wie folgt zusammen:

- Typ Mo Löffelinhalt 0,5 m3, Einsatzgewicht 19,5 t
- Typ Ma Löffelinhalt 0,75 m3, Einsatzgewicht 28,3 t
- Typ Mb Löffelinhalt 1,0 m3, Einsatzgewicht 39,8 t
- Typ Mc Löffelinhalt 1,4 m3, Einsatzgewicht 59,4 t
- Typ Md Löffelinhalt 2,2 m3, Einsatzgewicht 90,6 t
- Typ DN Löffelinhalt 3,6 m3, Einsatzgewicht 140 t
- Typ EN Löffelinhalt 4,5 m3, Einsatzgewicht 201 t

Der zwischen dem Md und DN angesiedelte Typ Me mit einem 3 m^3 Löffel wurde nie verwirklicht.

Die Baureihe Mo bis Md war 1933/34 vorgestellt worden. Es waren hochmoderne Bagger in vollverschweißter Ausführung. Angetrieben wurden sie von langsam laufenden Deutz Zweitakt-Dieselmotoren.

In der Tschechoslowakei sollten jetzt die Typen Mb (in der verbesserten Ausführung Mb2) und Mc gebaut werden. Die Produktion bei Škoda und ČKD lief 1939 an. Die bestellten Stückzahlen lagen weit über der bisherigen Jahresproduktion von Škoda, die 1938 gerade einmal bei etwa 15 Baggern gelegen hatte. Aber der größte Anteil sollte ja bei ČKD in Slaný produziert werden. Bei ČKD kamen dann noch die Typen Mbu, Mcu und Mdu hinzu. Dabei handelte sich um Elektrobagger-Versionen der jeweiligen Dieselbaggertypen. Diese Versionen waren vorher in Hamburg noch nicht gebaut worden. Die Stückzahlen dieser Typen hielten sich aber in Grenzen. Besonders bei den Typen Mbu und Mdu muss ein großes Fragezeichen gesetzt werden, ob diese Versionen jemals realisiert worden sind. Bilder sind von beiden Typen bis heute nirgends aufgetaucht.

Die bei Škoda gebauten Menck-Bagger wurden mit den Škoda Viertakt-Dieselmotoren 4SB160 ausgerüstet wie die eigenen Bagger des Typs D 1. ČKD verwendete zunächst Praga-Dieselmotoren aus dem eigenen Werk. Diese erwiesen sich aber als wenig geeignet für den Baggerantrieb, so dass auch ČKD nach kurzer Zeit auf Škoda-Dieselmotoren umstellte. Auf den Baggern erschien der Name Škoda-Menck, manchmal auch umgekehrt Menck-Škoda. Bei den Mc-Typen aus dem Werk Schlan tauchte auch die Bezeichnung ČKD-Menck auf.

Die Produktion der Mb2-Bagger in Pilsen lief bis Ende 1942. Anfang 1943 musste aufgrund vorrangiger Waffenproduktion im Pilsner Werk die Baggerherstellung in das Škoda-Werk Königgrätz (Hradec Kralové) verlegt werden. Aber gegen Ende 1943 kam die Produktion auch dort zum Erliegen. Das ČKD-Werk Schlan lieferte noch bis 1944 Bagger aus.

Škoda-Menck-Bagger, hergestellt in den Škoda-Werken Pilsen und Königgrätz

Typ	Bauzeit	Löffel-Inhalt [1]	Einsatz-Gewicht	Motor	Stückzahl [2]
Mb2	1939-1943	1,0 m³	40,2 t	Škoda 4SB160 / 94 PS	ca. 40

[1] Hochlöffel-Version [2] Zahlen nur annähernd, da unterschiedliche Quellenangaben

Škoda-Menck / ČKD-Menck-Bagger, hergestellt im ČKD-Werk in Schlan

Typ	Bauzeit	Löffel-Inhalt [1]	Einsatz-Gewicht	Motor	Stückzahl [2]
Ma	1939	0,75 m³	25 t	Praga 4RS150 / 60 PS	ca. 3
Mb2	1939	1,0 m³	40 t	Praga 4RS150	n.n.
Mb2	1939-1944	1,0 m³	40,2 t	Škoda 4SB160 / 94 PS	ca. 100
Mc	1939	1,4 m³	59 t	Praga 6RS150 / 110 PS	n.n.
Mc	1939-1944	1,4 m³	59 t	Škoda 6SB160 / 142 PS	ca. 40
Mbu	1940-1944	1,0 m³	ca. 40 t	Elektroantrieb	ca. 30
Mcu	1940-1944	1,4 m³	ca. 60 t	Elektroantrieb	ca. 30
Mdu	1940-1944	2,2 m³	ca. 90 t	Elektroantrieb	ca. 10

[1] Hochlöffel-Version [2] Zahlen nur annähernd, da unterschiedliche Quellenangaben

Hier werden drei Mb2 Bagger auf dem Werksgelände von Škoda in Pilsen im Jahr 1940 vorgeführt Škoda Archiv

Auf den Menck-Škoda Baggern brachte Škoda nicht das eigene Logo mit dem geflügelten Pfeil an, sondern ein eigenes rundes Logo mit dem Namen „Menck" im Kreis und Škoda" darunter.

Škoda Archiv

Dieser Mb2 wurde an die Baufirma Josef Hebel, Memmingen, im Jahr 1942 geliefert.

Leo Helmschrott

Hier arbeitet ein Mb2 beim Bau des Lipno-Staudamms in Südböhmen. Das „Skoda-Menck"-Emblem hatte sich nochmals geändert.

Dieser Mb2 aus Kriegszeiten belädt hier im Jahr 1954 Abraumzüge im Kohletagebau Vrbenský in Most ČTK Fotobanka

Hier stehen im Winter 1940 vier Mc Hochlöffelbagger auf dem ČKD-Werksgelände in Slaný zur Auslieferung bereit. Škoda Archiv

Die Baufirma Philipp Holzmann setzte diesen Škoda-Menck Mc im Jahr 1942 am Obersalzberg ein. Leo Helmschrott

Dieser Škoda-Menck Mc arbeitete 1973 im Steinbruch des Zementwerks Eiberg bei Kufstein immer noch täglich.

Die Firma August Oppermann setzte neben einigen Original-Menck Mc auch diesen Skoda-Menck Mc in ihren Sandgruben bei Fritzlar ein. 1998 war dieser Bagger noch vorhanden.

Dieser Mc stammt aus dem Jahr 1941 und hat hier auch noch das Original Menck-Škoda Logo. Die Aufnahme entstand im Jahr 1969, als die Firma Putz den Bagger beim Abbruch des Franziskanerkellers in München einsetzte.

Leo Helmschrott

Einer der seltenen Menck-Skoda Mcu Elektrobagger arbeitete bis in die 1970er Jahre in den Kaolingruben der Amberger Kaolinwerke.

Hier handelt es sich um den gleichen Bagger wie auf dem vorhergehenden Foto. 1980 kaufte der Abbruchunternehmer Luff aus Augsburg den Mc der Firma Putz und setzt ihn bis heute auf Abbruch-Baustellen ein. Die Menck-Beschriftung mit Emblem ist nicht original und wurde nachträglich angebracht.

Teil 2: Die Menck-Bagger der Nachkriegszeit 1946 bis 1954

Nach dem Zweiten Weltkrieg waren fast alle Škoda-Werke stark beschädigt oder sogar fast vernichtet – mit Ausnahme der Werke Prag-Smichow und Königgrätz (Hradec Kralové). Das Stammwerk Pilsen wurde noch in den letzten Kriegstagen am 25. April 1945 durch einen amerikanischen Luftangriff weitgehend zerstört.

Nach Kriegsende entstand die Tschechoslowakische Republik (ČSR) in den Grenzen von 1938 neu. Nach dem sogenannten „Februarumsturz" von 1948 kam ein kommunistisches Regime ans Ruder und folgte der stalinistischen Politik der UdSSR. Die ČSR wurde ein Teil des Ostblocks.

Wie in allen Ländern des Ostblocks folgte nach 1945 sehr schnell eine Welle der Verstaatlichung privater Betriebe. Auch Škoda war davon betroffen. Viele Werke, die bisher Bestandteil des Škoda-Konzerns waren, wurden ausgegliedert. Darunter war auch das Škoda-Autowerk in Mladá Boleslav. Die verbleibenden Škoda-Werke sollten sich auf die Produktion von Gütern der Schwerindustrie beschränken, z.B. Industrieanlagen, Einrichtungen für Kraftwerke, Lokomotiven, usw. Die Bagger-Herstellung durfte Škoda vorläufig fortsetzen. Allerdings war das nicht von langer Dauer. 1950 wurde der Škoda-Konzern erneut aufgeteilt. Es wurde auch das Ende der Baggerproduktion bei Škoda beschlossen, die dann 1953 endgültig auslief.

Aber zunächst wurde ab 1945 alles daran gesetzt, die Baggerproduktion wieder in Gang zu bringen. Ein Vorteil war dabei, dass das Werk Königgrätz, in das die Baggerfertigung bereits während des Krieges verlegt worden war, kaum Kriegsschäden aufwies und dort weiterproduziert werden konnte, solange in Pilsen der Wiederaufbau des Stammwerkes im Gange war. Allerdings war das Werk Königgrätz nicht dauerhaft für die Bagger-Herstellung geeignet, vor allem nicht für die großen Tagebau-Bagger. In Königgrätz wurde deshalb nur die Produktion des Menck-Bagger Mb2 fortgesetzt. Die Lizenz von Menck konnte dazu weiterhin genutzt werden.

Im Jahr 1947 war das Baggerwerk in Pilsen so weit wieder aufgebaut, dass die Fertigung der Mb2-Bagger wieder von Königgrätz nach Pilsen zurückverlegt werden konnte. Aber nachdem die staatliche Führung 1950 entschieden hatte, dass die Baggerherstellung bei Škoda mittelfristig aufzugeben war, wurde die Produktion des Mb2 ab 1950 nach und nach zu ČKD in Schlan (Slaný) verlagert. Der letzte Mb2 verließ 1952 die Werkhallen in Pilsen.

Am zweiten Standort, an dem Menck-Bagger in Lizenz gebaut wurden – bei ČKD in Schlan -, war die Wiederaufnahme der Produktion nach dem Krieg ebenfalls mit Schwierigkeiten verbunden. Da vordringlich schwere Bagger gebraucht wurden, konzentrierte sich ČKD zunächst auf den Weiterbau des Menck Mc. Die meisten Mc wurden in die UdSSR geliefert. Die Produktion des Mb2 wurde aufgrund der staatlichen Entscheidungen erst ab 1950 wieder aufgenommen.

Die alten Menck-Bagger Mb2 und Mc entsprachen aber inzwischen nicht mehr dem Stand der Technik. Für Neuentwicklungen fehlten aber bei ČKD alle Voraussetzungen, da dort die Baggerherstellung ohnehin nur ein Schattendasein führte. Der Staatsbetrieb ČKD war ein riesiges Kombinat geworden, mit teilweise bis zu 50.000 Arbeitern, bei dem die Herstellung von Lokomotiven, Straßenbahnen, Kranen, Kompressoren und anderen Maschinen im Vordergrund standen. Für eine neue Lizenz von Menck waren keine Devisen vorhanden. Also wurde die Produktion des Mc zum Jahresende 1953 eingestellt, ohne dass es ein Nachfolgemodell gab. Den Mb2 in der wichtigen 1 m^3-Klasse konnte man allerdings nicht einfach ersatzlos streichen. Um keine Probleme mit Menck zu erhalten, stellte ČKD im Jahr 1955 das neue Modell Ry-1 vor. Außer dem Fahrerhaus war jedoch nicht sehr viel neu an diesem Bagger; er beruhte nach wie vor auf der Technik des Mb2. Zum Ry-1 kommen wir in einem späteren Kapitel.

Bei den Škoda-Menck-Baggern der Nachkriegszeit erschien der Schriftzug „Škoda-Menck" nicht mehr auf den Baggern; lediglich das Emblem des jeweiligen Herstellerwerks wurde noch angebracht. Beim Mc gab es nur anfangs noch die Aufschrift „ČKD-Menck". Das war auch konsequent, denn in den Ländern des Ostblocks waren Markennamen nicht üblich. Außerdem wurden die Mb2 und Mc nicht in das westliche Ausland exportiert – mit Ausnahme der Türkei.

Die offizielle Ära des Lizenzbaus von Menck-Baggern in der Tschechoslowakei war dann im Jahr 1954 beendet. Bis Ende 1952 (Erhebung der Statistik) waren insgesamt 388 Bagger der Baureihen Mb2 und Mc produziert worden.

Škoda-Menck-Bagger, hergestellt in den Škoda-Werken Pilsen und Königgrätz

Typ	Bauzeit	Löffel-Inhalt [1]	Einsatz-Gewicht	Motor
Mb2	1945-1952	1,0 m^3	40,2 t	Škoda 4SB160 / 94 PS

[1] Hochlöffel-Version

Škoda-Menck / ČKD-Menck-Bagger, hergestellt im ČKD-Werk in Schlan

Typ	Bauzeit	Löffel-Inhalt [1]	Einsatz-Gewicht	Motor
Mb2	1950-1954	1,0 m³	40,2 t	Škoda 4SB160 / 94 PS
Mc	1945-1953	1,4 m³	59 t	Škoda 6SB160 / 142 PS

1 Hochlöffel-Version

Auch nach Kriegsende wurde die Produktion von Mb2-Baggern im Škoda-Werk Hradec Kralové fortgesetzt (1946). Škoda Archiv

Stückzahlen der Škoda-Menck Mb2 / Mc-Bagger

Jahr	Mb2		Mc
	Škoda	ČKD	
1945	n.n.	0	n.n.
1946	n.n.	0	n.n.
1947	17	0	n.n.
1948	n.n.	0	n.n.
1949	n.n.	0	n.n.
1950	57	2	86
1951	45	35	61
1952	22	40	140
1953	0	ca.120	ca.40
1954	0	n.n.	0

Ein Mb2 im Jahr 1952. Oft wurde jetzt überhaupt kein Emblem des Herstellerwerks mehr angebracht. Škoda Archiv

Ein Mb2 auf dem Testgelände des Werkes Hradec Kralové im Jahr 1946 Škoda Archiv

Hier sind zehn Stück des Mb2 auf dem Testgelände des ČKD-Werkes Slaný aufgereiht (1954) Škoda Archiv

Ein weiterer von ČKD hergestellter Mb2. ČKD verwendete zu dieser Zeit ein Emblem mit einem Stern in der Mitte. Škoda Archiv

Ein Mb2 – erneut mit etwas abgewandeltem Logo von ČKD – belädt 1957 eine Feldbahn im Kohle-Tagebau Mydlovary bei Budweis ČTK Fotobanka

Hier arbeitet ein Škoda-Menck Mb2 mit Schleppschaufel beim Bau einer neuen Eisenbahnlinie am Balaton in Ungarn (1958)
Archivum MTVA

Dieser Mb2 belädt im Jahr 1962 einen Škoda-Kipper in einer ungarischen Bauxit-Mine Archivum MTVA

Das ungarische Zementwerk Kecskekö setzte noch 1966 diesen Skoda-Menck Mb2 zum Beladen von Dutra-Muldenkippern ein Archivum MTVA

Der Škoda-Menck Mb2 im Bauxit-Tagebau Halimba in Ungarn im Jahr 1969 ist stark beschäftigt, die zahlreichen Dutra Dumper zu beladen. Einige beladen sich auch selbst mit einer Selbstladeeinrichtung. Archivum MTVA

Ein weiterer Mb2 im ungarischen Bauxit-Tagebau Archivum MTVA

Ein Mc beim Bau des Lipno-Staudamms am südlichen Rand des Böhmerwalds im Jahr 1954. Die Beschriftung „ČKD-Menck" ist auf dem Ausleger dieses Baggers gut erkennbar.

WIEDERAUFNAHME UND ENDE des Baggerbaus bei Škoda nach 1945

Teil 1: Der D 500 – die erste Škoda-Neuentwicklung 1948 bis 1958

Der Škoda-Dieselbagger D 0,8 aus den 1930ern wurde in relativ geringer Stückzahl noch bis 1947 weitergebaut. Im letzten Produktionsjahr 1947 wurden noch elf Stück gefertigt.

In der Nachkriegszeit wurde jedoch auch ein kleinerer Bagger in der 20-Tonnen-Klasse benötigt. Škoda hatte aber in der Kürze der Zeit weder die Möglichkeiten für eine komplette Neuentwicklung noch die Devisen für eine ausländische Lizenz. Also blieb nur der Ausweg, vorhandene Konstruktionsunterlagen von Menck-Baggern zu nutzen und daraus einen abgewandelten, eigenen Bagger zu entwickeln. Der Menck-Bagger in dieser Gewichtsklasse war vor dem Krieg der Typ Ma gewesen, von dem – nach unbestätigten Quellen – 1939 einige Prototypen bei ČKD in Slaný hergestellt worden sein sollen. Die Konstruktionszeichnungen dieses Typs waren also vorhanden. Andererseits hatte Škoda vor Kriegsausbruch den eigenen Typ D 0,5 entwickelt, der in den Kriegsjahren vermutlich nicht mehr gebaut werden konnte. Aus den Konstruktionselementen dieser beiden Bagger entstand 1947 der neue Typ D 500.

Angetrieben wurde der D 500 vom Škoda 4-Zylinder-Dieselmotor 4S110 mit 48 PS bei 1200 U/min. Das Raupen-Fahrwerk hatte vier Achsen und entsprach der Menck-Bauweise. Der Bagger war ansonsten konventionell ausgeführt. Eine Neuerung gab es bei der Löffelklappe. Der Griff zum Öffnen der Löffelklappe war jetzt am oberen Ende des Löffels angebracht. Dadurch sollte die Reißkraft an den Löffelzähnen erhöht werden.

Ab Anfang 1948 wurde eine Vorserie von 50 Baggern des Typs D 500 im Škoda-Werk Pilsen gebaut. Einige davon wurden sogar exportiert, wobei zwei Stück nach Schweden gelangten. Einer davon ist heute noch museal in betriebsfähigem Zustand in Schweden erhalten.

Da sich das Skoda-Stammwerk Pilsen 1947/48 erst im Wiederaufbau befand und alle Produktionskapazitäten für die nächsten Jahre bereits für große Tagebau-Bagger verplant waren, wurde der Bau des D 500 ab Ende 1948 in das slowakische Werk Dubnica nad Váhom verlagert.

Bereits 1928 hatte Škoda dem tschechoslowakischen Verteidigungsministerium vorgeschlagen, eine weitere Waffenfabrik im Osten des Landes – also der Slowakei – zu bauen, um im Verteidigungsfall die Rüstungsproduktion vom Werk Pilsen dorthin verlegen zu können. Das Projekt verzögerte sich jedoch erheblich. Das neue Werk in Dubnica nad Váhom konnte erst Ende 1936 – auch nur teilweise – fertiggestellt werden. 1937 begann die Waffen- und Munitionsproduktion. Zum Zeitpunkt der deutschen Annexion der Tschechoslowakei im März 1939 waren im Werk Dubnica rund 3.200 Arbeiter und Angestellte beschäftigt. Die neue deutsche Führung der Škoda-Werke forcierte die Waffenproduktion in Dubnica. Kurz vor Kriegsende wurden die Anlagen und Maschinen des Werkes Dubnica weitgehend zerstört. Nach dem Krieg begann eine Restbelegschaft von rund 600 Arbeitern, das Werk wieder aufzubauen. Es war noch immer ein Zweigwerk von Škoda. Deshalb konnte Škoda im Jahr 1948 die Produktion des D 500-Baggers dorthin verlagern. Bis 1950 war es möglich, die Belegschaft in Dubnica wieder auf rund 4000 Mitarbeiter aufzustocken. Mit der Zerschlagung des Skoda-Konzerns im Jahr 1950 wurde das Werk von Škoda getrennt und in „Závody K.J. Vorošilova, n.p." (Staatsbetrieb Voroshilov) umbenannt. Die Herstellung des D 500-Baggers verblieb bis 1952 in Dubnica und wurde dann im gleichen Jahr in das neu errichtete Baggerwerk Uničov verlegt.

Nur nebenbei: Das Werk Dubnica nad Váhom wurde Ende der 1970er Jahre wieder zum Bagger-Hersteller, als dort die Lizenz-Produktion von Poclain-Baggern vom Werk TEES (Martin) übernommen wurde.

Der in Dubnica produzierte D 500 hatte gegenüber der Vorserie einige Änderungen und Verbesserungen erfahren. Statt des Menck-typischen Löffelvorschubs mittels Zahnstangen wurde jetzt der Löffel über einen Seilzug nach vorne geschoben.

Im neuen Baggerwerk Uničov (dazu mehr in einem späteren Kapitel) wollte man eigentlich einen eigenständigen Bagger der 0,5-m^3-Klasse auf den Weg bringen. Schon 1951 entstand ein erster Prototyp, der als D 0,5 bezeichnet wurde. Ausleger, Löffelstiel und Löffelvorschub entsprachen der zweiten Version des D 500. Der Oberwagen war aber völlig neu konstruiert – mit starker Abschrägung des Maschinenhauses im oberen Bereich zur Erleichterung des Bahntransports. Das Fahrerhaus hatte ein schwungvolles, wenn auch etwas skurriles Design. Angetrieben wurde der D 0,5 von einem Dreizylinder-Škoda-Dieselmotor 3S110 mit 32 PS. Auch wenn der D 0,5 leichter war als der D 500, war die Motorleistung eigentlich zu gering.

Allerdings waren in der Aufbauphase des neuen Baggerwerks Uničov keine Kapazitäten für die Weiterentwicklung dieses Baggers vorhanden. Deshalb wurde das Projekt wieder eingestellt und 1952 mit der Herstellung des D 500 (zweite Version) begonnen. In den Folgejahren stieg die Jahresproduktion in Uničov auf rund 100 Bagger an.

Aufgrund der großen Nachfrage nach diesem Bagger und der Auslastung des Werkes Uničov mit großen Tagebau-Baggern begann 1954 parallel noch ein weiteres Werk mit dem Bau des D 500 – wiederum in der Slowakei. In der Kleinstadt Detva in der mittleren Slowakei wurde Anfang der 1950er Jahre eine Maschinenfabrik gegründet, die sich auf die Produktion von Baumaschinen konzentrieren sollte. Der Nachbau des D 500-Baggers war der Einstieg dieser Fabrik in dieses Produktsegment. Das Werk erhielt 1955 als Staatsbetrieb die Bezeichnung „Podpolianské strojárne“ (PPS). Unter dem Namen „PPS Detva“ enstanden hier später noch viele Baumaschinen, z.B. Radlader, Schwenklader und Bagger auf LKW-Fahrgestell. Die Produktion des D 500 endete in Detva im Jahr 1957.

Ende 1955 stellte das Werk Uničov eine komplett überarbeitete, neue Version des D 500 vor. Diese dritte Version des D 500 erhielt einen modern gestalteten Oberwagen, der im Design an den größeren Ry-1 angelehnt war. Mechanisch gab es keine wesentlichen Änderungen. Diese neue Version des D 500 wurde auch vom Werk Detva übernommen. In Uničov wurde die modernisierte Version des D 500 noch bis 1958 weitergebaut, obwohl bereits 1957 das Nachfolgemodell D 051 im Fiorentini-Design präsentiert worden war. Dazu später mehr.

Stückzahlen der Škoda D 500-Bagger

Jahr	Pilsen	Dubnica	Uničov	Detva
1948	50	70		
1949				
1950		50		
1951		76		
1952		16	21	
1953			63	
1954			101	166
1955			102	
1956			n.n.	
1957			n.n.	
1958			n.n.	

Škoda Bagger D 500

Typ	Version	Bauzeit	Löffel-Inhalt [1]	Einsatz-Gewicht	Motor	Werk
D 0,5	Prototyp	1951	0,5 m³	n.n.	Škoda 3S110 / 32 PS	Uničov
D 500	1	1948	0,5 m³	20,8 t	Škoda 4S110 / 48 PS	Pilsen
D 500	2	1948 -1952	0,5 m³	20,8 t	Škoda 4S110 / 48 PS	Dubnica
D 500	2	1952 - 1955	0,5 m³	20,8 t	Škoda 4S110 / 48 PS	Uničov
D 500	2	1954 - 1955	0,5 m³	20,8 t	Škoda 4S110 / 48 PS	Detva
D 500	3	1955 - 1957	0,5 m³	19,9 t	Škoda 4S110 / 48 PS	Detva
D 500	3	1955 - 1958	0,5 m³	19,9 t	Škoda 4S110 / 48 PS	Uničov

Der im Werk Uničov entwickelte Prototyp D 0,5 im Jahr 1951. Das eigenwillig gestaltete Fahrerhaus hätte sich wohl in der Praxis kaum bewährt.

Dieser D 500 stammt aus der 1948 bei Škoda Pilsen gebauten Vorserie und weist noch den Löffelvorschub mittels Zahnstangen gemäß Menck-Vorbild auf. Der Bagger wird in Schweden von einem Sammler in betriebsfähigem Zustand erhalten.

Hier handelt es sich um das erste Exemplar der zweiten, verbesserten Version des D 500, Bau-Nr. 147-00-01, der jetzt mit seilbetätigtem Löffelvorschub ausgestattet war. Der Bagger wurde im November 1948 an den Steinbruch Jáchymov im Erzgebirge ausgeliefert. Škoda Archiv

Diese Bilder zeigen eine Sonderversion des D 500, Bau-Nr. 148-00-02, die im April 1949 in einem Steinbruch getestet wurde. Unter dem Aufsatz, der sowohl über dem Fahrerhaus als auch auf der anderen Seite vorhanden war, verbergen sich vermutlich Scheinwerfer. Škoda Archiv

Dieser D 500 wurde 1954 im Werk Uničov gebaut. Die Skoda-Beschriftung ist jetzt verschwunden. Beim Fahrerhaus wurde die Verglasung nach oben erweitert. Škoda Archiv

Mit dieser Grafik in einem deutsch-sprachigen Prospekt stellte die Exportgesellschaft Strojexport Ende 1955 die dritte modernisierte Version des D 500 vor. Rechts arbeitet ein neu gestalteter D 500 der 3.Version im Jahr 1956.

Dem Baggerexperten und versierten Mechaniker Radoslav Kolomý aus Česka Třebová im östlichen Teil von Tschechien gebührt das Verdienst, den einzigen noch existierenden D 500-Bagger in Tschechien gerettet und restauriert zu haben.

Es handelt sich um einen im Jahr 1955 bei PPS Detva in der Slowakei gebauten D 500 (zweite Version). Dieser Bagger arbeitete über 20 Jahre lang – von 1955 bis 1978 – in einem Steinbruch in Litice nad Orlici im Osten von Tschechien. Dann wurde er abgestellt und stand 23 Jahre in dem inzwischen stillgelegten Steinbruch mitten in den Wäldern. Radoslav Kolomý erfuhr von dem Bagger und konnte erreichen, dass die Eigentümerfirma den Bagger dem Industriemuseum Mladějov kostenlos zur Verfügung stellt. In dem kleinen Ort Mladějov na Moravé (Blosdorf in Mähren) wurde bereits Geschichte geschrieben. Bekannt wurde der Ort im Ersten Weltkrieg, als sich dort im Jahr 1915 die österreichische und die russische Armee gegenüberstanden und sich eine blutige Schlacht lieferten. Dieses Ereignis wird jährlich in einer aufwändigen Veranstaltung nachgestellt. Aber der Ort hat auch Technikgeschichte zu bieten. Schon vor über 150 Jahren wurde dort mit dem Stein- und Kreidekohleabbau begonnen. Nach dem Ersten Weltkrieg wurde zum Transport der Kohle eine 11 km lange Schmalspurbahn gebaut. Die Strecke besteht noch immer und wird von einem rührigen Museumsverein betreut. Dieser Verein kümmert sich auch um das Eisenbahn- und Industriemuseum Mladějov, in dem Schmalspur-Lokomotiven und Züge aus früherer Zeit erhalten und auch vorgeführt werden. Auf Initiative von Radoslav Kolomý beherbergt das Museum inzwischen auch historische Baumaschinen – einschließlich des restaurierten Baggers D 500.

Radoslav Kolomý hat den Bagger ab dem Jahr 2002 in alle Einzelteile zerlegt und dann in mühevoller Kleinarbeit in über zehn Jahren wieder neu aufgebaut. Am 3. Mai 2014 konnte der fertiggestellte Bagger der Öffentlichkeit in altem Glanz und voll funktionsfähig vorgestellt werden. Seitdem kann der Bagger im Museum Mladějov besichtigt werden.

In diesem Zustand wurde der D 500 im Jahr 2002 im Museum Mladějov angeliefert.

Die ersten Jahre verbrachte Radoslav Kolomý (auf dem Bild links) mit seinen Helfern damit, alle Einzelteile des Baggers zu reinigen, zu reparieren und neu zu lackieren. Erst im Jahr 2008 konnte mit dem Zusammenbau des Unterwagens begonnen werden. Hier werden die Räder auf die Gleisketten gelegt.

Hier wird die Bodenplatte mit Drehkranz auf die Achsen aufgesetzt

Der Initiator des Projekts und Restaurator des Baggers, Radoslav Kolomý, ließ es sich nicht nehmen, den Bagger selbst vorzuführen.

Der Škoda 4S110 Dieselmotor wurde komplett überholt.

Im Jahr 2014 war es geschafft: Der Bagger D 500 steht (fast) wie neu im Museumsgelände von Mladějov. Radoslav Kolomý hat bewusst darauf verzichtet, Blechteile neu anfertigen zu lassen. Dem Bagger soll man die Spuren seiner über 20-jährigen Steinbrucharbeit durchaus ansehen.

Bei der ersten öffentlichen Vorstellung wurde der Bagger in einer typischen Arbeitssituation mit einem zeitgenössischen Dutra Dumper gezeigt.

Das Firmenschild des Herstellers Detva wurde entsprechend dem Original nachgefertigt. Dort ist zu lesen, dass es sich um den Bagger D 500, Baujahr 1955, Bau-Nr. 1322-11-55, handelt.

Teil 2: Die Škoda-Tagebau-Bagger der Nachkriegszeit 1947 bis 1953

Nach 1945 entstand in der UdSSR und in vielen Ländern des neuen Ostblocks ein nie dagewesener Bedarf an Baggern. In der UdSSR gab es zu dieser Zeit nur zwei Baggerwerke, die aber weder über die Kapazitäten noch die Technologie für eine Baggerherstellung in größerem Umfang verfügten. Die ČSR (ČSSR hieß die Tschechoslowakei erst ab 1960) war das einzige Land, das mit Škoda einen Hersteller aufzuweisen hatte, der das Know-how und die Erfahrung auch für große Tagebau-Bagger mitbrachte. Trotz der Zerstörungen des Werkes Pilsen sollte Škoda deshalb der Hauptlieferant für Bagger für die UdSSR und die anderen Ostblock-Länder werden. Hier wartete also eine gigantische Aufgabe auf die Verantwortlichen bei Škoda.

Trotz der Ausweitung der Fertigungskapazitäten während des Krieges war man bei Škoda in keiner Weise auf die Stückzahlen vorbereitet, die man liefern sollte. Gebraucht wurden jetzt vor allem große Tagebau-Bagger über 100 Tonnen Einsatzgewicht. Sowohl in der UdSSR als auch im eigenen Land wurde die Rohstoffgewinnung enorm angekurbelt. Vor allem der Tagebau von Braunkohle in den westböhmischen Regionen um Falkenau (Sokolov) und Brüx (Most) sollte jetzt vorher nie gekannte Dimensionen annehmen. Da der Einsatz von Tagebau-Großgeräten wie Schaufelrad- und Eimerkettenbaggern dort noch in den Kinderschuhen steckte, kam großen Löffelbaggern besondere Bedeutung zu.

Zunächst konnte Škoda aus vorhandenen Einzelteilen noch einige P 2 Dampfbagger in der 100-Tonnen-Klasse bis 1947 zusammenbauen. 1947 verließen die letzten vier Stück die Werkhallen. Im gleichen Jahr konnte die Produktion der leistungsfähigeren und modernisierten Version P 2,5 mit einem Löffelinhalt von 2,5 m³ beginnen. Škoda war damit wohl der einzige Baggerhersteller weltweit, der auch nach dem Zweiten Weltkrieg noch auf Bagger mit Dampfantrieb setzte.

Parallel dazu wurden auch Elektrobagger in der gleichen Größenordnung weiterentwickelt. Hier konnte man auf den zuletzt in den Kriegsjahren produzierten Typ E 2¼-S aufbauen. Es entstand der neue Typ E 2,5, der 1947 erstmals ausgeliefert werden konnte.

Vor allem die UdSSR drängte aber auf den Bau noch deutlich größerer Bagger. Deshalb arbeitete man bei Škoda schon ab 1947 an einem absoluten Schwergewicht in der 300-Tonnen-Klasse, der in den Planungsunterlagen schon 1947 als Typ E 7 auftauchte, also ein Löffelvolumen von 7 m³ erhalten sollte. Škoda konnte zwar auf Erfahrungen mit den zwei Elektrobaggern E 3⅓-S aus dem Jahr 1940 zurückgreifen, aber der neue Bagger sollte nochmals 100 Tonnen schwerer und doppelt so leistungsfähig sein. Škoda setzte wieder auf einen elektrischen Antrieb mit Ward-Leonard-Steuerung. 1948 konnte das erste Exemplar dieses 350 Tonnen schweren Giganten fertiggestellt werden. Im Gegensatz zu allen bisher gebauten Škoda-Baggern war er mit einem neuartigen zweigeteilten Ausleger ausgerüstet, in dessen Mitte ein massiver runder Löffelstiel montiert war. Diese Bauweise war bisher vor allem von Demag bekannt und stellte eine Abkehr von der bisherigen Technik mit zwei rechteckigen Löffelstielen dar. Zu dieser Zeit war der E 7 der mit Abstand größte Bagger in ganz Europa. Menck drang zum Beispiel seit dem KRA von 1927 nie wieder in diese Größenordnung vor; selbst der geplante und nie gebaute E 450 hätte nur ein Einsatzgewicht von 260 Tonnen gehabt.

1948/49 entstanden nur Prototypen vom E 7, bei denen auch eine Vielzahl von Problemen auftraten. 1950 konnten dann sieben Stück des E 7 ausgeliefert werden, 1951 waren es neun und 1952 nochmals elf Stück. Die letzten Exemplare des E 7 verließen 1953 die Pilsner Werkhallen. Fast alle wurden in die UdSSR exportiert; lediglich das Kombinat der Brüxer Kohlenbergwerke erhielt 1949 einen E 7 Bagger und dann 1953 die Falkenauer Kohlenbergwerke je einen E 7-Bagger für ihre Tagebaue Medard und Dolni Rychnov.

Im Jahr 1953 wurden die Konstruktionsunterlagen für den E 7 an das neue Baggerwerk Uničov übergeben. Obwohl die Planungen auch weiterhin fünf bis zehn Bagger des Typs E 7 jährlich vorsahen, wurde die Produktion des E 7 in Uničov nicht wieder aufgenommen. Die Gründe hierfür sind nicht bekannt. Produktionsmängel und mangelnde Zuverlässigkeit des E 7-Baggers können eine Rolle gespielt haben, vor allem aber fehlende Folgeaufträge aus der UdSSR. Für die eigenen Tagebaue in der ČSR war ein Bagger dieser Größenordnung nicht unbedingt erforderlich.

Sowohl der Dampfbagger P 2,5 als auch der Elektrobagger E 2,5 wurden ab 1948 in beachtlichen Stückzahlen gebaut. Im Jahr 1948 lag folgende Bestellung aus der UdSSR vor:

- 50 Stück des Typs E 2,5
- 20 Stück des Typs P 2,5
- 25 Stück des Typs E 7

Diese Bestellungen wurden aber ständig erweitert. Dazu kamen Aufträge aus anderen Ländern.

Im Jahr 1951 wurde der P/E 2,5 geringfügig überarbeitet. Das ist insofern erstaunlich, als zu diesem Zeitpunkt von staatlicher Seite das Ende der Baggerproduktion in Pilsen bereits beschlossen war und die Produktionsverlagerung nach Uničov schon bevorstand. Der Bagger erhielt die Bezeichnung P 23 und E 23. Die dampfangetriebene Version gab es nach wie vor. Vom P/E 23 gab es zwei Varianten: P/E 2300 mit 650 mm und P/E 2310 mit 1000 mm breiten Raupenketten. Die erste Version war für Steinbrüche, die zweite für Kohlen-Tagebaue gedacht.

Die Bezeichnung P/E 23 überrascht zwar auf den ersten Blick, denn dieser Bagger hatte nach wie vor einen Löffelinhalt von 2,5 m³. Es kann nur vermutet werden, dass die eigentlich konsequente Bezeichnung E 25 deshalb nicht verwendet wurde, weil ein neuer Bagger mit genau dieser Bezeichnung schon in der Entwicklung war. Dieser neue E 25 beruhte zwar auf dem E 23, war aber zumindest im Hinblick auf den Ausleger und Löffelstiel eine Neuentwicklung. Im Gegensatz zum Škoda P/E 2,5 und P/E 23 wies der E 25 nämlich einen zweigeteilten Ausleger und runden Löffelstiel auf – so wie der große E 7. Im Jahr 1953 wurden noch im Werk Pilsen einige E 25 zusammengebaut, wobei die ersten zwei Prototypen des E 25 schon 1952 im neuen Werk Uničov entstanden waren. 1953 lief die Produktion des E 25 mehr oder weniger gleichzeitig in Pilsen und Uničov an.

Zum Jahresende 1953 endete aber die Baggerproduktion bei Škoda in Pilsen endgültig. Das neue Baggerwerk in Uničov sollte nach dem politischen Willen künftig für die Baggerherstellung in der Tschechoslowakei zentral zuständig sein. Dazu mehr im nächsten Kapitel.

Im Zeitraum vom Mai 1945 bis August 1952 wurden in den Škoda-Werken Pilsen und Dubnica sowie bei ČKD insgesamt 1255 Löffelbagger produziert. Davon entfielen 655 auf das Werk Pilsen. Das sind beeindruckende Stückzahlen in einer Zeit des Wiederaufbaus stark zerstörter Werke. Damit war die Produktion im Werk Pilsen in nur sieben Jahren mindestens viermal so hoch wie vorher in mehr als 20 Jahren.

Erwähnenswert ist noch, dass der Name Škoda auf dem Herstellerschild auf den Baggern von Škoda auch nach dem Krieg noch erschien. Das Unternehmen selbst war aber im Rahmen der Verstaatlichung in „Leninwerke Pilsen“ (Závody V.I. Lenina Plzeň) – abgekürzt LZP oder ZVIL – umbenannt worden, ein Name, in dem der Firmengründer Škoda nicht mehr vorkam.

Škoda Dampf- und Elektrobagger 1947 bis 1953

Typ	Bauzeit	Löffel-Inhalt	Einsatz-Gewicht	Stückzahlen *						
				1947	1948	1949	1950	1951	1952	1953
P/E 2,5	1947-1951	2,5 m³	ca. 110 t	n.n.	n.n.	n.n.	78	91	104	
P/E 23	1951-1953	2,5 m³	116 t					n.n.	n.n.	n.n.
E 25	1953	2,5 m³	90,9 / 94,5 t							n.n.
E 7	1948-1953	7,0 m³	350 t		n.n.	n.n.	7	9	11	ca.5

* jeweils Dampf- und Elektroversion zusammen

Dieses Bild zeigt links einen P 2 Dampfbagger von 1942 und rechts einen P 2,5 von 1948, die 1957 in der Grube Antonin der Falkenauer Kohlenbergwerke einen Abraumzug beladen.

Oben: Das war wohl einer der letzten Dampfbagger Europas – ein P 23 von 1951.

Oben links und unten: Ein Škoda E 2,5 im April 1948 in der Werkhalle in Pilsen

Škoda Archiv

Diese ganz seltene Farbaufnahme zeigt einen E 23 im Jahr 1962 in der Bauxit-Mine von Halimba in Ungarn Archivum MTVA

Einer der ersten, gemäß Firmenschild noch in Pilsen (Werk LZP) hergestellten E 25 Elektrobagger (Version E 2500 mit 650 mm breiten Raupenketten) beim Beladen von Tatra 111 Kippern im Zementwerk Hranice in Mähren im Jahr 1952 ČTK Fotobanka

Im April 1948 wird hier im Kohletagebau Pres. Beneš in Most einer der ersten gigantischen E 7 Elektrobagger aufgebaut. Škoda Archiv

Zum ersten Mal verwendete Škoda beim E 7 einen zweigeteilten Ausleger und einen massiven Rundstiel Škoda Archiv

Der 350-Tonnen-Riese E 7 war 1948 der größte Bagger Europas

Škoda Archiv

Der E 7 arbeitet hier 1949 im Kohle-Tagebau Pres. Beneš in Most

Škoda Archiv

Dieser E 7 Elektrobagger war viele Jahre im Kohle-Tagebau Most-Komořany im Einsatz (links im Jahr 1950, rechts im Jahr 1954) ČTK Fotobanka

Dieses Bild zeigt eindrucksvoll den zweigeteilten Ausleger mit dem massiven Rundstiel und 7 m³-Löffel des Baggers E 7 ČTK Fotobanka

DAS NEUE BAGGERWERK Uničov baut den Elektrobagger E 25

Aufgrund des starken Anstiegs der Baggerproduktion nach dem Zweiten Weltkrieg war schnell absehbar, dass die Kapazitäten des Werkes Pilsen an Grenzen stoßen würden. Außerdem hatte man ja teilweise die Baggerfertigung in das Zweigwerk Dubnica nad Váhom und an ČKD in Slany ausgelagert, was für die Betriebsabläufe nicht gerade günstig und letztlich auch unwirtschaftlich war.

Deshalb wurde schon 1948 bei Škoda beschlossen, ein völlig neues, spezialisiertes Baggerwerk in Uničov in Mähren zu bauen. Mit dem Bau wurde 1949 begonnen. Im April 1950 war die Werkhalle I fertiggestellt und es konnte mit der Produktion von Stahlkonstruktionen, Kranbrücken und Rahmenteilen für Bagger begonnen werden. Die zweite Werkhalle stand ab Juli 1951 zur Verfügung, in die dann die Herstellung von schweren Portal- und Brückenkranen verlegt wurde. Die Halle I wurde jetzt für den Bau des neuen Groß-Schaufelradbaggers K 1000 benötigt. Im Jahr 1952 war dann die dritte Halle fertig, in der sofort mit der vom Werk Dubnica übernommenen Herstellung des Baggers D 500 begonnen wurde. Zum Stichtag 1. 4. 1953 hatte die Belegschaft folgenden Umfang:

- 225 Arbeiter in der Halle I
- 532 Arbeiter in der Halle II
- 572 Arbeiter in der Halle III

In der kleinen Stadt Uničov mit damals etwa 3.000 Einwohnern gab es natürlich nicht genügend Unterkünfte für die Beschäftigten, von denen viele aus Pilsen kamen. Zunächst musste man sich mit Baracken behelfen, bevor dann eine neue Wohnsiedlung errichtet wurde. Aber die gesamte Infrastruktur war noch lange Zeit völlig unzureichend.

Neben den Stahlkonstruktionen und Rahmen für die großen Elektrobagger baute man in der Halle I im Jahr 1952 schon zwei Prototypen des neuen Elektrobaggers E 25. 1953 lief dann schon die reguläre Produktion mit 25 Stück dieses Baggers an. Das Werk Uničov hatte die Konstruktionsunterlagen des Baggers vom Werk Pilsen erhalten. In Pilsen hatte man gerade erst den neuen Typ E 25 aus dem E 23 entwickelt. Beim Großbagger E 7 hatte man inzwischen positive Erfahrungen mit dem neuen zweigeteilten Ausleger und dem mittig angeordneten Rundstiel gemacht. Deshalb sollte der E 25 ebenfalls einen solchen Ausleger und Stiel erhalten, was den E 25 deutlich vom E 23 unterschied. Ansonsten blieben das Maschinenhaus und die Technik des E 23 weitgehend unverändert.

Außerdem waren von 1953 bis 1955 noch offene Aufträge aus der UdSSR für Dampf-Raupenkrane P 23 abzuarbeiten. Das waren endgültig die letzten mit Dampfmaschinen betriebenen Bagger und Krane, die in der ČSR hergestellt wurden.

Zunächst war das Werk Uničov als Zweigwerk von Škoda gebaut worden. Mit der Aufteilung des Škoda-Konzerns im Jahr 1950 wurde aber das Werk Uničov von Škoda getrennt und 1953 als selbständiges Staatsunternehmen „Uničovské Strojirný, n.p." (Maschinenbaufabrik Uničov) neu gegründet. Die Bagger-Herstellung in der gesamten Tschechoslowakei sollte mittelfristig im Werk Uničov zentralisiert werden. Man verzichtete allerdings darauf, die Baggerproduktion in anderen Werken (außer Pilsen) sofort zu beenden. Die derzeitigen Typen sollten dort so lange weitergebaut werden, bis ein Modellwechsel anstand. Deshalb wurde die Produktion des D 500 in Detva noch bis 1957 fortgesetzt. Ebenso durfte ČKD in Slaný den gerade erst aus dem Mb2 entwickelten Bagger Ry-1 noch bis Anfang der 1960er Jahre weiterbauen.

Das Werk Uničov war natürlich auch am Export seiner Bagger interessiert. Soweit es um sozialistische Bruderstaaten ging, war das problemlos. Für den Export ins westliche Ausland benötigte man allerdings schon einen zugkräftigen Markennamen. Das Werk Uničov konnte keine solche Marke bieten; also blieb nichts anderes übrig, als zumindest für den Export die bekannte Marke „Škoda" beizubehalten. Auf den Baggern selbst erschien der Name Škoda überhaupt nicht; lediglich in der Werbung und in Druckschriften für den Export tauchte die Marke „Škoda" auf. Dagegen wurde auf allen exportierten Baggern – manchmal auch auf Baggern für den heimischen Markt – noch lange Zeit (bis etwa 1970) das Škoda-Logo mit dem geflügelten Pfeil angebracht. Es erstaunt etwas, dass das Werk Uničov nicht schon früher versucht hat, eine eigene Marke zu etablieren. Denn 1957 hatte das Werk Uničov zumindest ein eigenes Firmenzeichen (Logo) entworfen und eingeführt, das eine Baggerwinde symbolisieren sollte. Das neue Logo wurde auch bei den neuen kleinen 0,5 m³-Baggern verwendet, allerdings auch da nicht konsequent. Auf den Elektrobaggern E 25 war das Uničov-Logo nur auf den Baggern zu sehen, die im eigenen Land blieben – aber selbst da nicht ohne Ausnahmen. Von staatlicher Seite wurde bestimmt, dass sämtliche neuen Baggerentwicklungen jetzt nur noch in Uničov stattzufinden hätten.

Das Uničov-Logo symbolisiert eine Baggerwinde. Ob die angedeuteten Flügel eine Reminiszenz an das Škoda-Logo sein sollten, ist unklar.

Zurück zum E 25 Elektrobagger. Das Hauptmerkmal dieses Baggers ist der konventionelle Löffelvorschub über Zahnstangen. Das unterscheidet ihn von seinen Nachfolgetypen E 301 und E 302, die einen seilbetätigten Löffelvorschub aufweisen. Außerdem sind die Umlenkrollen an der Auslegerspitze innen zwischen den beiden Auslegerspitzen angeordnet. Der E 301/302 hat größere Umlenkrollen, die jeweils außen am Ausleger angebracht sind.

In der Bauzeit zwischen 1952 und 1964 lassen sich drei unterschiedliche Versionen des E 25 unterscheiden, die vom Verfasser mit den Ziffern (I) bis (III) bezeichnet werden:

■ Version I / 1952 bis 1955:
Diese Version weist noch das rein rechteckige Maschinenhaus vom Vorgängertyp E 23 auf. Das Fahrerhaus ist voll in das Maschinenhaus integriert und hat die gleiche Höhe wie der hintere Teil des Maschinenhauses. Die Fenster sind durch Sprossen unterteilt.

■ Version II / 1955 bis 1957:
Der E 25 erhält ein völlig neues, fast schon futuristisches Fahrerhaus mit abgerundeten Glasscheiben vorne. Das Fahrerhaus ist deutlich tiefer als das Maschinenhaus angeordnet, was durch eine entsprechende Abschrägung des Oberwagens nach vorne erreicht wird. Die Abschrägung ist auch auf der rechten Seite vorhanden.

■ Version III / 1958 bis 1964:
Die Gestaltung des Oberwagens wird nochmals geringfügig abgeändert. Das obere Ende des Maschinenhauses ist jetzt nicht mehr abgerundet, sondern abgekantet. Auf der rechten Seite wird die Abschrägung vorne verkürzt. Der Oberwagen hat damit – vom Fahrerhaus abgesehen – die Form erreicht, die auch beim E 301/E302 beibehalten wird.

Der E 25 war in 3 Ausführungen lieferbar:

- E 2500 mit 650 mm breiten Raupenketten (für Steinbrucheinsatz)
- E 2510 mit 1000 mm breiten Raupenketten (für normale Bedingungen)
- E 2520 mit 1300 mm breiten Raupenketten (für wenig tragfähige Böden, z.B. Kohle-Tagebau)

Der E 25 war ein sehr robuster und zuverlässiger Bagger. Da er gerade im Kohle-Tagebau meistens nicht übermäßig beansprucht wurde, haben einige dieser Bagger bis heute überlebt und sind immer noch im Einsatz. Was sich nicht bewährt hat, war allerdings das Fahrerhaus. Das alte Fahrerhaus der ersten Version bedurfte ohnehin einer Erneuerung. Aber auch das optisch moderne Fahrerhaus von 1955 hatte viele Nachteile. Es war sehr schmal und eng für den Fahrer. Die Sichtverhältnisse waren nicht optimal. Außerdem waren die abgerundeten Glasscheiben (ohne Steinschlagschutz) sehr schadensanfällig und schwierig zu reparieren. Deshalb wurden so gut wie alle E 25, die in den 1970er Jahren noch im Einsatz waren, auf das breitere und nach links abgesetzte neue Fahrerhaus des E 301/E 302 umgerüstet. Auch die Elektrik wurde modernisiert.

Elektrobagger E 25

Typ	Version	Bauzeit	Löffel-Inhalt	Einsatz-Gewicht *	Stückzahl		
					1952	1953	1954
E 25	I	1952-1955	2,5 m³	90,9-94,5 t	2	27	70
E 25	II	1955-1957	2,5 m³	90,9-94,5 t			
E 25	III	1958-1964	2,5 m³	90,9-94,5 t			

* Hochlöffelversion / je nach Breite der Raupenketten

Zwischen 1952 und 1964 wurden 839 Bagger des Typs E 25 produziert, wovon 536 Stück in den Export gingen. Diese Zahlen sind sehr eindrucksvoll für einen 100 Tonnen-Bagger.

Gerade erst zusammengebaut im Juli 1954 im Steinbruch Štramberk in der östlichen ČSR: Ein E 25 aus Uničov der 1. Generation. Das Werk verwendete hier ein erstes Firmen-Logo, das im unteren Halbkreis eine Baggerwinde darstellt und im oberen Halbkreis den Firmennamen. Dieses Logo wurde nur kurze Zeit verwendet. Škoda Archiv

Hier ist das alte Fahrerhaus beim E 25 im Steinbruch Štramberk gut zu sehen. Škoda Archiv

Im großen Steinbruch Štramberk waren bereits mehrere Seilbagger im Einsatz (im Hintergrund erkennbar), als 1954 dieser E 25 hinzu kam. Škoda Archiv

Dieses Foto entstand 1957 und zeigt den E 25 Nr.96 der Falkenauer Kohlen-Bergwerke (Sokolovska Uhelná), der 1955 in der Grube Jednota in Dienst gestellt wurde und einer der letzten mit dem alten Fahrerhaus war.

Nicht sofort erkennbar: Hier handelt es sich um exakt den selben Bagger (Bau-Nr. 1323-14-01) wie auf dem vorhergehenden Foto – nur 50 Jahre (!) später. Er wurde zum Greifbagger umgerüstet und verlädt Schlacke beim Kohle-Kraftwerk Vřesova.

Dieser E 25, Bau-Nr. 942-11-61, Baujahr 1954, wurde von Sokolovska Uhelná auch im Jahr 2018 (!) noch eingesetzt. Er erhielt in den 1970er Jahren das neue Fahrerhaus des E 302.

In den 2000er Jahren war dieser E 25 der ersten Generation von 1954 der älteste Bagger …

…der noch regelmäßig bei den Falkenauer Kohle-Bergwerken arbeitete.

Ein weiterer E 25 der 1. Generation mit neuem Fahrerhaus im Abraum einer Falkenauer Kohlegrube.

1955 wurde der E 25 der 2.Generation mit diesem Prospekt vorgestellt – mit dem Škoda-Firmenzeichen

Unten links: Den E 25 gab es auch als Schleppschaufelbagger.

Unten rechts: Auf diesem Bild ist das neue Fahrerhaus mit der Rundverglasung gut zu sehen, die sich bis in das Dach hineinzieht. Ein Steinschlagschutz für den Fahrer war damit nicht gewährleistet.

Diese schöne Farbgrafik verwendete das Werk Uničov in einem Prospekt von 1955, in dem der E 25 der 2. Version vorgestellt wird – mit Skoda Firmenzeichen.

Ein E 25 der 2. Generation belädt 1964 einen Prototyp des Rába 106-Muldenkippers im Zementwerk Dunai in Ungarn Archivum MTVA

Ein E 25, 2. Version, im Kohle-Tagebau Prunéřov bei Kadan

In einem Prospekt von 1962 verwendete Strojexport immer noch dieses Bild eines E 25 der 2.Version, obwohl zu diesem Zeitpunkt längst die 3.Version gebaut wurde und auch diese Farbgebung nicht mehr aktuell war.

Für den 100-Tonnen-Bagger E 25 war dieser Dutra Dumper ein recht kleines Transportfahrzeug. Das Bild wurde 1962 im Basalt-Steinbruch Zalahaláp in Ungarn aufgenommen. Archivum MTVA

Dieser E 25, 2.Version, arbeitete 1966 in einem ungarischen Steinbruch. Auf diesem Bagger ist das Uničov-Logo angebracht. Archivum MTVA

Im Jahr 1957 führte das Werk Uničov eine neue Farbgebung ein. Es wurden jedoch nach wie vor viele Bagger nur einfarbig lackiert.

Ein E 25 beim Beladen von Kohlezügen mit Abraum im Tagebau Pokrok bei Teplice.

Dieser E 25, 2. Generation, belädt 1966 einen Belaz-Muldenkipper in einem ungarischen Steinbruch – eine damals sicher häufige Szene in vielen sozialistischen Ländern.

Archivum MTVA

Bei diesem E 25, gebaut im Dezember 1955, sind die 1300 mm breiten Raupenketten für den Kohle-Tagebau besonders gut zu sehen. Trotzdem wurden zur Erhöhung der Standsicherheit Holzbohlen untergelegt.

Dieser E 25, gebaut um 1956, ist hier 1999 in der Kiesverladung im Tagebau Lezáky in Most eingesetzt. Er ist auf das neue Fahrerhaus umgerüstet.

Dieser E 25, Bau-Nr. 1366-15-14, Baujahr 1956, wurde später stark umgebaut. Er erhielt nicht nur das neue Fahrerhaus, sondern auch den neuen Ausleger und seilbetätigten Löffelvorschub des E 301/E 302.

Im Jahr 1958 stellte das Werk Uničov die überarbeitete 3. Version des E 25 vor. Bei genauem Hinsehen erkennt man, dass das obere Ende des Maschinenhauses nicht mehr abgerundet, sondern kantig gestaltet und die Abschrägung nach vorne leicht verkürzt ist. Dieser heute noch existierende Bagger ist natürlich auch später mit dem neuen Fahrerhaus ausgestattet worden.

Dieser E 25 entspricht noch der 2. Generation, wurde aber vom Herstellerwerk erst 1961 an das Kohle-Bergbau-Kombinat Most (Brüx) ausgeliefert.

Dieser E 25 – ebenfalls Baujahr 1958 – arbeitet heute noch im Kohle-Tagebau bei Most.

Die Aufgabe vieler Löffelbagger im Kohle-Tagebau ist die Verteilung des von Kohlezügen angelieferten Abraums auf der Deponie – so wie bei diesem E 25 (1958) des Unternehmens „Sokolovska Uhelná".

Auch im Jahr 2022 gibt es vereinzelt noch E 25-Elektrobagger im täglichen Einsatz. Im Regelfall sind es später umgerüstete Versionen (neues Fahrerhaus, neuer Ausleger und Löffelvorschub) wie dieses Exemplar aus dem Jahr 1962, das in einer Sandgrube in Südmähren nahe zur slowakischen Grenze arbeitet.

Dies ist einer der letzten E 25-Bagger, gebaut 1964, Bau-Nr. 2846-34-09 noch mit dem originalen Löffelvorschub per Zahnstangen und dem Fahrwerk mit den breiten Raupenketten (E 2520).

DIE 1 M³/1,5 M³ SEILBAGGER

der Baureihe Ry/D

Teil 1: Der Ry-1 1955 bis 1963

Im Jahr 1954 erreichte der Menck-Bagger Mb2 sein zehntes Produktionsjahr nach dem Zweiten. Weltkrieg. Es war jetzt höchste Zeit für ein Nachfolgemodell für die inzwischen veraltete, noch aus den 1930er Jahren stammende Konstruktion.

Es war ja von staatlicher Seite beschlossen worden, dass die gesamte Bagger-Herstellung in der Tschechoslowakei künftig im neuen Werk Uničov konzentriert werden sollte. Damit war auch die Entscheidung verbunden, dass neue Bagger ebenfalls nur in Uničov entwickelt werden. Deshalb hatte man ein Team von Ingenieuren und Technikern nach Uničov abgeordnet.

Allerdings waren die Konstrukteure dort anfangs mit der Weiterentwicklung der großen Elektrobagger sowie mit der Neuentwicklung eines kleinen Baggers in der 0,5 m^3-Klasse beschäftigt. Für eine weitere Neukonstruktion in der 1 m^3-Klasse gab es deshalb 1954 keine Kapazitäten. Der Staat konnte aber auch keine Devisen für eine neue Lizenz von Menck oder eines anderen ausländischen Herstellers bereitstellen.

Deshalb blieb den Verantwortlichen im ČKD-Werk in Slaný, wo der Mb2 produziert wurde, nur die Wahl, mit einem leicht abgeänderten und modernisierten Mb2 weiterzumachen. Der „neue" Bagger war 1955 fertig und wurde Ry-1 getauft – nach der tschechischen Bezeichnung „rýpadlo" für Bagger. Neu war eigentlich nur das Fahrerhaus. Ähnlich, wie das in dieser Zeit auch viele Hersteller in Westeuropa machten, wurde das alte rechteckige Fahrerhaus mit den kleinen, unterteilten Fensterscheiben von einem vorne abgeschrägten, mit einteiligen Scheiben verglasten modernen Fahrerhaus abgelöst. Die Sicht nach vorne und nach oben zum Ausleger war damit deutlich verbessert. Außerdem gab es jetzt eine Seitenscheibe, die durch Zurückschieben geöffnet werden konnte. Ansonsten war der Ry-1 so gut wie baugleich mit dem bisherigen Mb2.

Im Jahr 1959 wurde das Fahrerhaus des Ry-1 leicht verändert: Die kleine untere Frontscheibe wurde durch eine größere ersetzt. Außerdem wurde ab diesem Zeitpunkt der stärkere 6-Zylinder Škoda-Dieselmotor optional angeboten. Dieser Motor wurde besonders empfohlen für eine bereits 1958 neu vorgestellte Abwandlung des Ry-1 mit einer „Spezial-Hochlöffelausrüstung" mit 1,5 m^3 Löffelinhalt. Diese leistungsfähigere Ausführung des Ry-1 wurde auf einigen westlichen Exportmärkten (z.B. Frankreich, Österreich) als „Ry-160" bezeichnet. In Deutschland blieb es dagegen bei der Ry-1-Typisierung. Im eigenen Land und auch für Deutschland wurde dann um 1960 diese stärkere Version des Ry-1 in Ry-150 umbenannt. Die erwähnte Bezeichnung „Ry-160" wurde aber im Export noch länger beibehalten, was zu einiger Verwirrung führte.

Eigentlich sollte der Ry-1 nur eine Übergangslösung sein, bis das Konstruktionsteam in Uničov einen neuen Bagger in der 1 m^3-Klasse fertig haben würde. Aber das sollte länger dauern als erwartet. Deshalb wurde der Ry-1 noch bis einschließlich 1963 im Werk Slaný weitergebaut.

Im eigenen Land beziehungsweise beim Export in andere sozialistische Länder erhielt der Ry-1 das ČKD-Firmenzeichen, beim Export in westliche Länder das Škoda-Markenzeichen. Der Name „Škoda" erschien allerdings nie auf dem Bagger. In Deutschland hatte Ende der 1950er Jahre die Firma Karl-Heinz Clever aus Krefeld den Vertrieb für diese Bagger übernommen.

Es gibt viele Berichte, dass Ry-1 oder auch Mb2-Bagger später auf das Fahrerhaus oder sogar den kompletten Oberwagen des Ry-150/151 im Werk Uničov umgebaut wurden. Es ist jedoch unklar, in welchem Umfang solche Umbauten tatsächlich erfolgten. Zweifellos hat es solche umgebauten Bagger mit Bauelementen unterschiedlicher Typen aber gegeben, was die genaue Identifizierung heute noch erhaltener Bagger dieser Baureihe sehr erschwert.

Das Bild zeigt einen Skoda-Menck Mb2-Prototyp im Jahr 1954 bereits mit dem neuen Fahrerhaus, wie es dann der Ry-1 erhalten sollte. Škoda Archiv

Der Ry-1 im Testeinsatz im Jahr 1955
Škoda Archiv

Der erste Ry-1 bei seiner Vorstellung im Jahr 1955 Škoda Archiv

Der Ry-1 wurde auch auf der Maschinenbau-Messe in Brünn 1955 vorgestellt – mit dem ČKD-Markenzeichen

Hier belädt ein Ry-1 im Jahr 1960 eine Feldbahn in der Bakonyi-Bauxitmine in Ungarn. Archivum MTVA

Ab 1958 gab es wahlweise die leistungsfähigere Version des Ry-1 mit 1,5 m³-Spezial-Hochlöffel. In einigen Exportländern – wie hier in Österreich – erhielt diese Version die Bezeichnung Ry-160.

Hier arbeitet ein Ry-160 direkt vor dem Eiffelturm in Paris

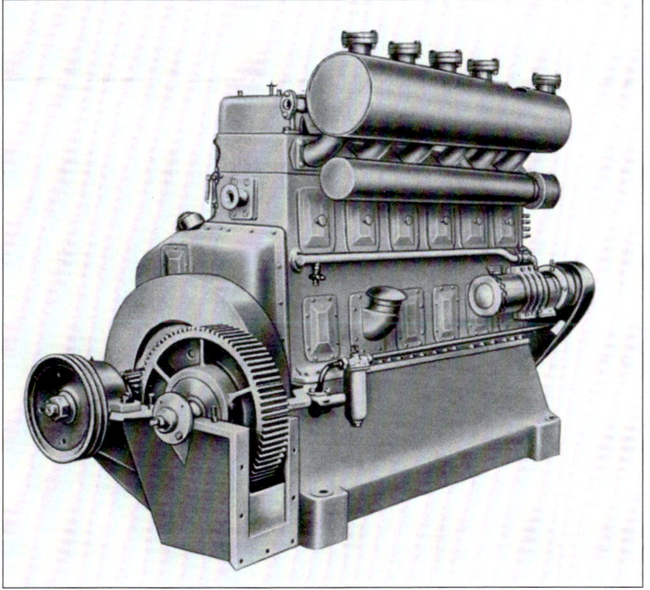

Ab 1959 konnte der Kunde eines Ry-1 statt des bisherigen 4-Zylinders auch diesen massiven Skoda 6-Zylinder-Dieselmotor 6-SB-160 wählen. Aus einem Hubraum von nicht weniger als 27,1 Litern schöpfte der Motor 130 PS Dauerleistung bei nur 750 U/min.

Noch 1969 wird dieser Ry-1 der ersten Version im Bauxit-Tagebau Halimba in Ungarn eingesetzt. Archivum MTVA

Links: Die zweite Version des Ry-1 wurde 1959 in Deutschland mit diesem Prospekt vorgestellt – weiterhin unter der Marke Škoda. Der Bagger kostete in Deutschland 135.000 DM (mit Hochlöffelausrüstung).

Hier ist ein im Jahr 1959 nagelneuer Ry-1 der zweiten Generation beim Beladen eines Tatra 111 Kippers zu sehen Škoda Archiv

Der Ry-1 Seilbagger

Typ	Vs.[1]	Werk	Bauzeit	Löffel-Inhalt[2]	Einsatz-Gewicht	Škoda-Motor	Sonstiges
Ry-1	1	ČKD	1955-59	1,0 m³	40,2 t	4 SB 160 / 80 PS	
Ry-1	2	ČKD	1959-63	1,0 m³	40,2 t	4 SB 160 / 90 PS oder[3] 6 SB 160 / 130 PS	geändertes Fahrerhaus

1 Version
2 wahlweise Spezial-Hochlöffelbagger mit 1,45 m^3
3 wahlweise nur von 1959 bis 1960 (danach Ry-150)

Ein Ry-1 Schleppschaufelbagger belädt im Jahr 1961 Csepel- und Skoda-Kipper in einer ungarischen Sandgrube Archivum MTVA

Teil 2: Der Fehlschlag D 100 und der Weiterbau des Ry-Baggers 1957 bis 1965

Die Konstrukteure im Uničov-Werk hatten bereits in den frühen 1950er Jahren mit der Entwicklung eines von Grund auf neuen Baggers in der 0,5 m³-Klasse begonnen, der den alten D 500 ablösen sollte. Der Bagger sollte dem aktuellen Stand der Technik entsprechen und mit den besten Konstruktionen Westeuropas mithalten können. Natürlich informierten sich die Uničov-Ingenieure über die neuesten Bagger aus westlichen Ländern. Besonders beeindruckt waren sie von den Produkten des führenden italienischen Herstellers Fiorentini, der seine Bagger schon zu dieser Zeit mit Luftsteuerung ausstattete. Also konstruierten sie einen Bagger nach Fiorentini-Vorbild, der dann als Typ D 051 in die Produktion ging.

Als diese Aufgabe erledigt war, musste sich das Konstruktionsteam in Uničov dringend mit einem Nachfolger für den Mb2 / Ry-1 befassen. Es wurde beschlossen, sich auch in der 1 m³-Klasse am Fiorentini-Design zu orientieren. Luftsteuerung stand also im Lastenheft. Im Grunde wollte man die komplette Technik des kleineren D 051 übernehmen, nur eben eine Nummer größer. Ein eher ungewöhnliches Merkmal der Fiorentini-Bagger war die Anordnung des Fahrerhauses auf der rechten Baggerseite. Wie schon beim D 051 führte Uničov diese Bauweise jetzt auch in der 1 m³-Klasse ein.

Beim Ausleger und Löffelstiel diente dagegen Fiorentini nicht als Vorbild. Fiorentini verwendete zu dieser Zeit noch einteilige Ausleger und doppelte, rechteckige Löffelstiele mit Zahnstangen-Vorschub. Bei Uničov war man aber seit den guten Erfahrungen bei den großen Elektrobaggern vom zweiteiligen Ausleger und dem Rundstiel überzeugt. Wie schon beim D 051 wählten die Uničov-Konstrukteure einen innovativen seilbetätigten Löffelvorschub.

Das neue Raupenfahrwerk bestand aus einem geschweißten Kastenrahmen mit kleinen Stützrollen oben und unten und bildete damit eine Abkehr von den Menck-typischen großen Laufrädern.

Ein Problem stellte der Antrieb des neuen Baggers dar. Nach Ansicht der Uničov-Ingenieure passte der alte, sehr schwere und langsam laufende Škoda-Dieselmotor der Baureihe SB-160 nicht zu dem modernen Bagger. Ein erster Prototyp des neuen Baggers wurde deshalb mit einem schnelllaufenden Škoda-Dieselmotor 6 R 140 ausgestattet. Škoda setzte die Produktion dieses Motors aber nicht fort, sodass man in Uničov wieder ohne ein geeignetes Antriebsaggregat dastand. Kurzfristig behalf man sich mit einem Dieselmotor polnischer Herkunft. Für die Serienherstellung des neuen Baggers musste aber schon aus Kostengründen unbedingt ein Motor aus heimischer Produktion gefunden werden. Da kamen die Uničov-Konstrukteure auf den Gedanken, sich beim Lkw-Hersteller Tatra in Kopřivnice umzusehen. Dort hatte man den luftgekühlten Achtzylinder T928 im Regal, der im stationären Dauerbetrieb 120 PS bei 1500 U/min leistete.

Der erste mit dem Tatra-Dieselmotor ausgerüstete 1 m³-Bagger wurde auf der Maschinenbau-Ausstellung 1957 in Brünn gezeigt. Er erhielt die Bezeichnung D 100.

Nach der staatlicherseits beschlossenen Konzentration der Baggerherstellung in Uničov sollte auch ein neues einheitliches Typisierungssystem eingeführt werden. Dies sah wie folgt aus: D = Dieselbagger / E = Elektrobagger, 3-stellige Typennummer, wobei die ersten beiden Ziffern den Löffelinhalt wiedergaben und die 3. Ziffer den Entwicklungsstand in der Baureihe
Beispiel:
D 051 = Dieselbagger mit 0,5 m³ Löffelinhalt, erste Weiterentwicklung.

Die vom ČKD-Werk in Slaný eingeführte „Ry"-Bezeichnung passte da nicht ins System. Der Ry-1 sollte also baldmöglich vom D 100 abgelöst werden.

Vom D 100 wurden im Werk Slaný weitere Prototypen gebaut und ausführlich getestet. Die Erfahrungen in der Praxis waren aber leider nicht positiv. Von der Theorie her handelte es sich um einen modernen Bagger. Aber die Umsetzung der Theorie in die Praxis war sehr mangelhaft. Die Fahrer beanstandeten die Unempfindlichkeit der Luftsteuerung und die hohe Ausfallrate. Es gab einfach zu viele Qualitätsdefizite. Auch der Tatra-Dieselmotor erfüllte nicht die Erwartungen. Es war eben ein Fahrzeugmotor mit relativ hoher Drehzahl und einer für den Baggerbetrieb ungeeigneten Drehmomentcharakteristik.

Da man in Uničov keine realistische Möglichkeit sah, die Mängel des D 100 zu beheben, wurde das Projekt im Laufe des Jahres 1959 wieder eingestellt. Das Werk ČKD erhielt grünes Licht, den Ry-1 vorerst weiterzubauen und im Rahmen der Modellpflege auch zu modernisieren, was zur 2. Version des Ry-1 im Jahr 1959 führte.

In Uničov reifte die Einsicht, dass man mit der Grundkonstruktion des Ry-1 und der Produktion in Slaný noch einige Jahre würde leben müssen. Um 1961/62 konnten folgende Neuheiten präsentiert werden:

- Ry-150 (leistungsfähigere Version des Ry-1, ČKD-Entwicklung und Bau)
- D 101 (Ry-1-Version mit Tatra-Motor / Uničov-Entwicklung, Bau in Slaný)

Mit diesen beiden neuen Typen zeichnete sich schon ab,

dass die Ry-Weiterentwicklung für einige Jahre teilweise parallel in Uničov und Slaný erfolgte, was eigentlich der angestrebten Konzentration des Baggerbaus in Uničov widersprach.

Mit dem D 101 wollte das Werk Uničov den Beweis antreten, dass sich der – inzwischen angepasste – luftgekühlte Tatra T928 V8-Motor sehr wohl auch als Baggerantrieb eignete. Beim D 101 waren die Tanks nicht mehr auf dem Dach untergebracht. Dafür tauchte dort ein Nassansaug-Luftfilter auf. Allerdings war auch dem D 101 kein langes Leben vergönnt. Er wurde – nach nur geringen Stückzahlen – schon um 1963 wieder aus dem Programm genommen, weil die Kunden entweder den bewährten Ry-1 oder den stärkeren Ry-150 bevorzugten. Für den D 101 taucht in manchen Unterlagen die Bezeichnung Ry-100 auf, die aber offiziell werksseitig nie verwendet wurde.

Besonders merkwürdig ist die Situation beim Ry-150. Dieser erschien erstmals um 1960 als ČKD-Weiterentwicklung des Ry-1 mit 6-Zylinder Skoda-Motor 6 SB 160 und 1,5 m^3 Löffel. Äußerlich entsprach dieser Ry-150 zunächst vollständig dem Ry-1 und war eigentlich nur die umbenannte leistungsfähigere Version des Ry-1, die schon ab 1958 wahlweise bestellt werden konnte. Er hatte die Schiebetüren, Schiebefenster und Tanks auf dem Dach wie der Ry-1. Auf der Brünner Maschinenbaumesse 1961 wurde dann eine äußerlich modernisierte Version des Ry-150 gezeigt – jetzt mit Lüftungsgitter statt des Fensters hinten links und ohne hinteren Tankaufbau. Schiebetür und -fenster wurden aber beibehalten. Vor allem aber war dieser Ry-150 mit einem neuen Ausleger ausgerüstet, erkennbar an neuen, kleinen Umlenkrollen an der Auslegerspitze. Wie es aber in vielen sozialistischen Ländern gängige Praxis war, zeigte man auf Messen und Ausstellungen gerne neue oder verbesserte Versionen, die aber nicht sofort in den Serienbau übernommen wurden. So war es offensichtlich auch beim Ry-150. Obwohl die Abbildungen in Prospekten auch nicht zuverlässig die jeweils aktuelle Version zeigten, spricht einiges dafür, dass der Ry-150 mit dem alten Ausleger (vom Ry-1) noch bis 1962 oder sogar 1963 weitergebaut wurde.

Im Jahr 1962 ordnete das zuständige Ministerium an, dass ab 1.1.1963 die Baggerfertigung in der ČSSR endgültig im Baggerwerk Uničov zu konzentrieren sei und das Werk ČKD Slaný den Baggerbau zu beenden habe. Eine termingerechte Umsetzung dieses Beschlusses war jedoch aus verschiedenen Gründen nicht möglich, so dass es zu einer Übergangszeit von rund zwei Jahren kam.

Das Werk Uničov begann im Laufe des Jahres 1963 mit dem Bau des Ry-150, der aber gegenüber der ČKD-Version modifiziert war. Hauptunterschied zum Ry-150 aus Slaný war die Gestaltung des Oberwagens. Es gab keine Schiebetüren und Schiebefenster mehr, sondern das Seitenfenster war nach unten klappbar und die Türen hatten Scharniere zum Öffnen. Ein weiterer Unterschied zum Ry-150 aus Slaný war die durchgehend schräge Front des Fahrerhauses vorne ohne Knick am unteren Ende. Wahlweise konnte der Tatra- oder Škoda-Motor eingebaut werden, wobei die Version mit dem luftgekühlten Tatra-Motor am seitlichen runden Kühlgitter erkennbar war.

Parallel dazu baute ČKD Slaný die Schiebetüren-Version des Ry-150 noch bis mindestens 1964 (nach einer Quelle sogar bis 1965) weiter. Dieser gleichzeitige Bau unterschiedlicher Versionen des Ry-150 über ca. zwei Jahre ist schwer nachvollziehbar. Eine Erklärung könnte darin bestehen, dass 1963 das Werk Uničov noch nicht in der Lage war, die Produktion des Werkes Slaný komplett zu übernehmen und es andererseits für das Werk Slaný wirtschaftlicher war, den Oberwagen des Ry-1 auch beim Ry-150 kurz vor Auslauf der Produktion weitgehend unverändert zu belassen.

Vom D 100 zum Ry-150

Typ	Vs.[1]	Werk	Bauzeit	Löffel-Inhalt	Einsatz-Gewicht	Motor	Sonstiges
D 100	1	ČKD	1957	1,0 m^3	31 t	Škoda 6R140	Prototyp
D 100	2	ČKD	1957	1,0 m^3	31 t	Wola (PL) 6V145	Prototyp
D 100	3	ČKD	1957-59	1,0 m^3	31 t	Tatra T928 / 120 PS	Prototypen
D 101		ČKD	1961-63	1,0 m^3	40,4 t	Tatra T928-61 / 120 PS	
Ry-150	1	ČKD	1960-61	1,5 m3	40,4 t	Škoda 6SB160 / 120 PS oder Tatra T928-61 / 120 PS	
Ry-150	2	ČKD	1961-64	1,5 m3	40,4 t	Škoda 6SB160 / 120 PS oder Tatra T928-61 / 120 PS	neues Design, neuer Ausleger
Ry-150		Uničov	1963-65	1,5 m3	40,4 t	Škoda 6SB160 / 120 PS oder Tatra T928-61 / 120 PS	Scharniertüren

[1] Version

Ein Prototyp des neuen D 100 neben dem alten Ry-1 im Januar 1958 auf dem Werksgelände in Slaný. Die Unterschiede sind augenfällig.
Škoda Archiv

Der D 100 war mit dem neuen Fahrwerk, dem großzügig gestalteten Fahrerhaus, der Luftsteuerung und dem seilbetätigten Löffelvorschub am Rundstiel zumindest in der Theorie ein sehr moderner Bagger. Škoda Archiv

Bei den Testeinsätzen im Jahr 1958 offenbarten sich beim D 100 zahlreiche Probleme, die letztlich zur Einstellung des Projekts führten.
Škoda Archiv

Dieser Bagger wird im Museums-Steinbruch Solvay bei Prag erhalten. Nach Angaben des Museums soll es sich um einen D 101 handeln, Baujahr 1963, gebaut von ČKD in Slaný und ausgerüstet mit dem Tatra-Dieselmotor T928.
Škoda Archiv

Die erste Version des Ry-150 aus dem Werk Slaný entsprach äußerlich noch dem Ry-1

Nach einer Quelle wurde die erste Version des Ry-150 noch länger (also über 1961 hinaus) für den Export geliefert – vor allem nach Westdeutschland. Dieser Ry-150 wurde von der Baufirma Kassecker (Waldsassen) eingesetzt. Der Nassluftfilter auf dem Dach ist gut erkennbar.

So sah der Ry-150 aus dem Werk Slaný ab 1961 aus – ohne Tankaufbau auf dem Dach – allerdings hier noch mit dem alten Ausleger.

Der Ry-150 von ČKD war bis zum Produktionsende mit den Menck-typischen Schiebetüren und -fenstern ausgestattet.

Der Ry-150 aus dem Werk Uničov ist eindeutig an den Scharniertüren und dem klappbaren Seitenfenster erkennbar.

Ein im Jahr 1963 nagelneuer ČKD Ry-150 mit dem neuen Ausleger im Zementwerk Dunai in Ungarn. Das runde Lüftungsgitter weist auf den eingebauten Tatra-Motor hin. Archivum MTVA

Auf der Brünner Messe 1965 war dieser Ry-150 aus Uničov mit Tatra-Motor zu sehen.

Dieser Ry-150 ist eine umgebaute Version. Das Baujahr ist unklar. Er war ursprünglich mit einem Tatra-Motor ausgerüstet. Der Dachaufbau ist nicht original. Der Bagger wird im Museums-Steinbruch Solvay bei Prag erhalten.

Dieser Bagger existiert heute noch im Bergbau-Museum bei Most. Er war ursprünglich im Kohle-Tagebau Hrabák in Most eingesetzt. Der originale Škoda-Motor ist nicht mehr vorhanden. Der Oberwagen entspricht einem Ry-150 aus dem Werk Uničov, aber der alte Ausleger deutet darauf hin, dass es sich um einen älteren, später modernisierten Bagger handelt.

Teil 3: Die Ära des Ry-Baggers geht zu Ende 1965 bis 1968

Nach dem Ende der Baggerherstellung bei ČKD in Slaný (spätestens) im Jahr 1965 übernahm das Werk Uničov endgültig die Regie für die weitere Baggerentwicklung.

Noch im Jahr 1964 wurde der neue Bagger D 102 vorgestellt – ein Typ, der in der 1 m³-Klasse die Nachfolge des schon 1963 wieder eingestellten D 101 antreten sollte. Der Oberwagen und die Technik entsprach vollständig der Uničov-Version des Ry-150. Völlig neu war aber die Hochlöffel-Ausrüstung. Ähnlich wie schon beim gescheiterten D 100 verwendete Uničov einen geteilten Ausleger und einen einteiligen Löffelstiel mit Seilvorschub. Der Löffelstiel wurde rechteckig gestaltet.

Es zeigte sich aber recht schnell, dass die Zeit der 1 m³-Seilbagger eigentlich vorbei war. Die Kunden verlangten leistungsfähigere Bagger. Auf der Maschinenmesse in Brünn im Herbst 1966 stand deshalb der D 160 – die aufgerüstete, aber sonst unveränderte Version des D 102 mit einem Löffelinhalt von 1,6 m³. In Produktion ging dieser Bagger dann mit der Bezeichnung Ry-151. Das geschah wahrscheinlich mit Rücksicht auf die Kunden im Ausland, die mit der Ry-Bezeichnung besser vertraut waren. Die D-Typen waren ja nie exportiert worden.

Im Jahr 1968 folgte noch die in Details verbesserte Version Ry-151N, bevor die Produktion dieser immer noch auf dem Menck-Bagger beruhenden Konstruktion endgültig eingestellt wurde. Es war auch die letzte Baureihe, die im Ausland noch unter dem Markennamen „Škoda“ vermarket wurde.

Vom D 102 zum Ry-151 (Werk Uničov)

Typ	Bauzeit	Löffel-Inhalt	Einsatz-Gewicht	Motor	Sonstiges	Stückzahl
D 102	1964-66	1,0 m³	38 t	Škoda 6SB160 / 120 PS oder Tatra T928-61 / 120 PS		n.n.
D 160	1966	1,6 m³	38,7 t	Škoda 6SB160 / 120 PS oder Tatra T928-61 / 120 PS	Prototyp	1
Ry-151	1966-67	1,6 m3	38,7 t	Škoda 6SB160 / 120 PS oder Tatra T928-61 / 120 PS	auch Elektroantrieb	516
Ry-151N	1968	1,6 m3	38,7 t	Škoda 6SB160 / 120 PS oder Tatra T928-61 / 120 PS	auch Elektroantrieb	

Der D 102 sollte 1964 ein neues Angebot in der 1 m³-Klasse darstellen. Er setzte sich aber nicht durch.

Auf der Maschinenmesse 1966 in Brünn wurde der D 160 gezeigt, der dann als Ry-151 in Produktion ging ČTK Fotobanka

Ein Jahr später stand der Ry-151 auf der Messe in Brünn – in der neuen rot/grauen-Farbgebung, die nur kurze Zeit beibehalten wurde. ČTK Fotobanka

In den Prospekten 1967 waren zum letzten Mal Ry-151 Bagger mit dem Škoda-Firmenzeichen abgebildet.

Es fällt auf, dass die nach Westdeutschland exportierten Uničov-Bagger – so wie dieser Ry-151 – nach wie vor Tanks auf dem Dach hatten. Außerdem bestellten die deutschen Kunden grundsätzlich den Škoda-Motor.

Dieser als Ry-151N bezeichnete Bagger (Baujahr 1968) arbeitete viele Jahre in einer oberfränkischen Kiesgrube.

Teil 4: Die Neuentwicklung D 141 1965 bis 1974

Im Baggerwerk Uničov war man im Grunde unzufrieden, dass der veraltete, auf der Menck-Konstruktion basierende Ry-Bagger so lange produziert werden musste.

Beim D 102 hatte man ja zumindest schon einmal den neuen zweiteiligen Ausleger mit seilbetätigtem Löffelvorschub in die Praxis umsetzen können. Im Jahr 1965 stellte das Werk dann einen völlig neuen Bagger als Prototyp vor – den D 103. Dieser war ebenfalls mit dem neuen Ausleger und Löffelstiel ausgerüstet. Mit Ausnahme des Fahrwerks war aber der ganze Bagger eine moderne Neukonstruktion. Zum ersten Mal war das Maschinenhaus niedriger als das Fahrerhaus gestaltet und damit nicht begehbar. Der Fahrer hatte dadurch eine bessere Sicht nach allen Seiten. Der Bagger hatte Luftsteuerung und wurde von dem Škoda (LIAZ) MS-630 Lkw-Dieselmotor mit Direkteinspritzung angetrieben. Der Löffelinhalt betrug 1 m^3.

Nach längerer Erprobung wurde der Bagger nochmals umgestaltet und als D 141 auf der Maschinenmesse 1967 in Brünn vorgestellt. Inzwischen war der Industrie-Designer Petr Tučný beauftragt worden, den Oberwagen des Baggers neu zu gestalten. Das Ergebnis war ein noch moderneres, großzügig verglastes Fahrerhaus und ein niedriger, mit abgeschrägten Blechteilen verkleideter Maschinenraum. Der Löffelinhalt des Baggers wurde auf 1,4 m^3 angehoben. Der zweigeteilte Ausleger mit Einzelstiel und seilbetätigtem Löffelvorschub entsprach dem D 103. Außerdem erhielt der Bagger ein Traktorlaufwerk nach dem neuesten Stand der Technik. Der Bagger war als D 141E auch mit Elektroantrieb lieferbar.

Eine große Überraschung gab es allerdings auf der Messe in Brünn 1972: Der D 141 wurde jetzt mit einem einteiligen Ausleger und doppelten Löffelstielen mit Zahnstangenvorschub präsentiert. Dieser Ausleger entsprach exakt der Bauweise des alten Ry-150 (!) von 1965 – obwohl inzwischen alle zuletzt gebauten Typen vom Ry-151 bis zum ersten D 141 mit dem zweiteiligen Ausleger und Einzel-Löffelstiel ausgerüstet worden waren. Die Entscheidung der Unex-Ingenieure für diesen alten Ausleger ist schwer nachvollziehbar. Gründe sind nicht überliefert. Die Version 1972 des D 141 wurde außerdem mit einem geänderten Fahrerhaus ausgestattet – erkennbar an den anders gestalteten Seitenscheiben.

Vom D 141 wurden zwischen 1967 und 1974 insgesamt 579 Stück hergestellt, wovon der größte Teil (409 Stück) exportiert wurde. Ein Export nach Westdeutschland ist allerdings nicht bekannt geworden.

Der D 141 wurde nur noch mit dem Uničov-Markenzeichen ausgeliefert. Ab etwa 1970 erschien sogar erstmals der Schriftzug „Uničov“ auf dem Ausleger.

Vom D 103 zum D 141 (Werk Uničov)

Typ	Version	Bauzeit	Löffel-Inhalt	Einsatz-Gewicht	Motor	Sonstiges	Stückzahl
D 103		1965-66	1,0 m^3	37 t	Škoda MS630 / 138 PS	Luftsteuerung	n.n.
D 141	1	1967-72	1,4 m^3	37,5 t	Škoda MS630 / 138 PS	Luftsteuerung / Einzel-Löffelstiel	579
D 141	2	1972-74	1,4 m^3	41 t	Škoda MS634 / 155 PS	Luftsteuerung / Doppel-Löffelstiel	

Der Prototyp D 103 im Jahr 1965.

Auch eine Kranversion des D 103 wurde getestet.

Der D 103 war mit dem zweiteiligen Ausleger und seilbetätigtem Löffelvorschub ausgerüstet.

Der modern gestaltete D 141 sorgte für Aufsehen auf der Brünner Messe 1967 – ausgerüstet mit zweigeteiltem Ausleger und Einzel-Löffelstiel

ČTK Fotobanka

Der D 141 im Steinbrucheinsatz.

Ein Blick auf das Innenleben des D 141. Erstmals war der Maschinenraum nur noch von außen zugänglich.

Ein Zementwerk im östlichen Tschechien setzte diesen D 141 auch im Jahr 2012 noch zum Schlammbaggern ein.

Dieser D 141 mit Schleppschaufel war im Jahr 2012 im Kieswerk Grygov bei Olomouc noch vorhanden.

Auf der Maschinenmesse 1972 in Brünn überraschte Unex mit einem „neuen" Design. Neu war die geänderte Fahrerkabine. Dagegen handelte es sich beim Ausleger um die alte Doppelstiel-Version des Ry-150.

Um 1970 erschien zum ersten Mal der Schriftzug „Uničov" als Markenname auf dem Ausleger.

Im Jahr 1995 wurde dieser D 141 in einem Steinbruch bei Kladruby außer Dienst gestellt. Es handelt sich um eine späte Version mit Doppel-Löffelstiel.

DIE NEUE GENERATION eines 0,5 m³ Seilbaggers 1957 bis 1974

Jetzt müssen wir noch einmal in die späten 1950er Jahre zurückblenden. Im fünften Kapitel haben wir den 0,5 m³-Seilbagger D 500 kennengelernt, der in verschiedenen Werken bis 1958 produziert wurde. Dieser D 500 war zwar sehr erfolgreich, aber letztlich doch nur eine Notlösung, weil er auf Vorkriegskonstruktionen beruhte. Den Ingenieuren in Uničov war frühzeitig klar, dass in dieser gerade in den 1950er Jahren sehr wichtigen Baggerklasse eine Neuentwicklung notwendig war.

Schon 1952 informierte sich das Uničov-Konstrukteursteam über den aktuellen Stand der Baggertechnik in Ost- und Westeuropa. Fündig wurde man letztlich in Italien, wo Fiorentini gerade erst wegweisende neue Bagger auf den Markt gebracht hatte. Natürlich verfügte das staatliche Unternehmen Uničov nicht über die notwendigen Devisen, um eine offizielle Lizenz von Fiorentini zu erwerben. Also musste man sich damit begnügen, bestimmte Konstruktionselemente der Fiorentini-Bagger zu übernehmen und für einen eigenen Bagger anzupassen. Dazu gehörten z.B. ein modernes Fahrwerk mit Rollenketten-Antrieb, ein Fahrerhaus auf der rechten Baggerseite und Luftsteuerung mittels eines Kompressors. Außerdem sollte der neue Bagger einen geteilten Ausleger mit rechteckigem Löffelstiel mit Seilvorschub erhalten.

Diese neuen Ideen konnten aber zunächst nicht umgesetzt werden. Die Uničov-Ingenieure waren in dieser Zeit mit anderen Neuentwicklungen ausgelastet. Vor allem der neue Tagebau-Bagger E 25 hatte Vorrang. Das war aber auch kein großes Problem, weil sich der alte D 500 nach wie vor großer Beliebtheit erfreute.

Erst 1957 war ein Prototyp eines neuen 0,5 m³-Baggers fertig, der auf den beschriebenen Konstruktionselementen des Fiorentini-Baggers beruhte. Er war mit 17 Tonnen leichter als der bisherige D 500, war aber mit dem deutlich stärkeren 6-Zylinder Škoda-Dieselmotor 6S110 mit 72 PS ausgerüstet. Trotz nach wie vor bestehender Schwierigkeiten mit der Luftsteuerung wurde der Bagger als Typ D 051 im Herbst 1957 auf der Maschinenmesse in Brünn der Öffentlichkeit vorgestellt. Auf dieser Ausstellung zeigte das Werk Uničov mehrere Neuheiten. Alle Bagger hatten eine neue attraktive Farbgebung in beige mit roten Streifen und einem blauen Ausleger und trugen das neue Uničov-Logo mit der Baggerwinde.

Der D 051 ging ab 1958 in die reguläre Produktion. Bis 1963 wurden 630 Stück hergestellt.

1963 löste der verbesserte Typ D 061 mit 0,6 m³ Löffelinhalt den D 051 ab. Das Fahrerhaus erhielt ein zusätzliches Seitenfenster. Außerdem wurde das Fahrwerk modifiziert. Statt der oberen Stützrollen verwendete man jetzt einfache Gleitkufen – wie oft bei amerikanischen Baggern.

Die nächste Weiterentwicklung stellte 1967 der D 062 dar, der aber vom Vorgängermodell kaum zu unterscheiden ist.

Eigentlich war Ende der 1960er Jahre die Zeit kleiner Seilbagger vorbei. Da das Werk Uničov aber mit dem größeren D 141 noch einmal ein völlig neues Design gewagt hatte, entschieden sich die Verantwortlichen im Jahr 1969 auch beim kleineren Bagger für eine Neuauflage. Der neue D 063 mit dem modernen Oberwagen-Design von Professor Petr Tučný wurde 1970 vorgestellt. Aber aufgrund des Vordringens von Hydraulikbaggern blieben die Stückzahlen des D 063 bescheiden, bevor die Produktion 1974 endgültig eingestellt wurde.

Damit war im Werk Uničov die Ära der Diesel-Seilbagger vorbei. Nur die großen Elektro-Seilbagger für Steinbrüche und Tagebaue wurden noch lange Zeit weiterproduziert.

Vom D 051 zum D 063 (Werk Uničov)

Typ	Bauzeit	Löffel-Inhalt	Einsatz-Gewicht	Motor	Sonstiges	Stückzahl
D 051	1957-63	0,5 m³	17 t	Škoda 6S110 / 72 PS	Luftsteuerung	630
D 061	1963-67	0,6 m³	18,3 t	Škoda 6S110 / 75 PS	Luftsteuerung	440
D 062	1967-70	0,6 m³	18,3 t	Škoda 6S110 / 75 PS	Luftsteuerung	520
D 063	1970-74	0,6 m³	19 t	Škoda 6SB110 / 75 PS	Luftsteuerung	170

Einer der ersten D 051 im Jahr 1957 – noch mit dem alten Uničov-Logo.

Dieser D 051 von 1959 weist schon das neue Uničov-Logo auf.

Škoda Archiv

Auf Exportversionen des D 051 war auch immer wieder das Škoda-Logo zu sehen – wie hier auf der Maschinenbaumesse Brünn.

In Steinbrüchen war der D 051 nicht so häufig anzutreffen – nicht zuletzt wegen der nicht gerade sensibel reagierenden Luftsteuerung.

Im Jahr 1963 löste der D 061 den D 051 ab. Der Fahrer hatte jetzt seitlich noch bessere Sicht aufgrund eines zusätzlichen Fensters.

Der D 062 von 1967 unterscheidet sich kaum vom Vorgängertyp.

Der D 062 von 1967.

Der Industriedesigner Petr Tučný verlieh dem D 063 von 1970 ein gänzliches anderes Erscheinungsbild.

DIE ELEKTROBAGGER vom E 301 bis zum E 303 1964 bis 1991

Teil 1: Der D 301 Dieselbagger-Prototyp

Obwohl sich dieses Kapitel eigentlich mit Elektrobaggern beschäftigt, beginnen wir erst mit einem Dieselbagger.

In verschiedenen Tagebauen taucht immer wieder das altbekannte Problem auf, dass über Kabel mit Strom versorgte Elektrobagger nicht an allen Orten beliebig einsetzbar sind, weil die Stromzuführung nicht überall gewährleistet werden kann. Auch ein schneller oder häufiger Wechsel der Einsatzstelle ist bei einem Elektrobagger schwieriger und oft nicht praktikabel.

Deshalb gab es Ende der 1950er Jahre Überlegungen bei den Ingenieuren des Uničov-Baggerwerks, eine diesel-elektrisch angetriebene Version des Elektrobaggers E 25 zu erproben. Es entstanden 1959 zwei Prototypen mit der Bezeichnung D 301, was bereits ein Hinweis darauf war, dass dieser Bagger einen größeren Löffelinhalt von 3 m³ im Vergleich zu den 2,5 m³ des E 25 hatte. Der D 301 mit einem Einsatzgewicht von 115 Tonnen war in jeder Hinsicht eine deutliche Weiterentwicklung des E 25. Er war erstmals in dieser Größenklasse mit einem seilbetätigten Löffelvorschub ausgestattet.

Hinsichtlich eines geeigneten Antriebsaggregats wurde man beim Dieselmotorenwerk ČKD Sokolovo n.p. in Prag fündig. Dieses Werk konnte den 12-Zylinder-Dieselmotor 12V-170VRT liefern, der eigentlich für Diesel-Lokomotiven konstruiert worden war.

Nach den theoretischen Leistungsdaten sollte der D 301 im Vergleich zum E 25 nahezu die doppelte Leistung erbringen. Im Frühjahr 1960 wurden die zwei Prototypen mit Hochlöffel umfangreichen Tests in einem Tagebau in Vrakuň bei Gabřikovo in der Slowakei unterzogen. Im Herbst 1960 folgten Erprobungen einer Schleppschaufelversion.

Auf dem Zeichenbrett entstand etwa zur gleichen Zeit eine rein elektrische Version dieses weiterentwickelten Baggers mit der Bezeichnung D 301E – nicht zu verwechseln mit dem späteren E 301. Diese Version wurde jedoch nicht verwirklicht.

Über die Ergebnisse der Erprobungen des D 301 ist nichts Näheres bekannt. Die Tests wurden jedenfalls im Laufe des Jahres 1961 eingestellt und das Projekt eines diesel-elektrischen Baggers vorerst nicht weiterverfolgt. Die zwei Prototypen wurden jedoch bis in die 1980er Jahre eingesetzt.

Der Diesel-Elektrische Tagebau-Bagger D 301

Typ	Bauzeit	Löffel-Inhalt	Einsatz-Gewicht	Diesel-Motor	Sonstiges	Stückzahl
D 301	1959	3,0 m³	115 t	ČKD 12V-170VRT	Prototypen	2

Der diesel-elektrische D 301 im Probeeinsatz 1960. Er hatte noch das alte Fahrerhaus, aber schon den seilbetätigten Löffelvorschub.

ČTK Fotobanka

Teil 2: Der E 301 Elektrobagger löst den E 25 ab

Die Erprobungen des diesel-elektrischen D 301 hatten zumindest gezeigt, dass die Weiterentwicklung des E 25 zu einem leistungsfähigeren 3 m³-Bagger mit modernem seilbetätigtem Löffelvorschub erfolgreich war.

Auch wenn es länger als geplant dauerte, konnte der neue Elektrobagger E 301 auf der Maschinenbaumesse Brünn im Herbst 1965 erstmals der Öffentlichkeit präsentiert werden.

Der neue Bagger hatte einen Standard-Löffelinhalt von 3 m³ und war mit dem beim D 301 bereits erprobten seilbetätigten Löffelvorschub ausgerüstet. Wie auch schon beim D 301 waren die Umlenkrollen an der Auslegerspitze größer als bisher und jetzt außen montiert. Auch die Aufhängung für den Löffel und die Löffelklappe wurde geändert.

Nachdem das schmale, aber bis in den Dachbereich verglaste Fahrerhaus des E 25 ohne Steinschlagschutz immer wieder kritisiert worden war, entwickelten die Uničov-Ingenieure ein komplett neues Fahrerhaus in modularer Bauweise. Es war deutlich breiter und geräumiger als das bisherige. Die Verglasung war zwar großzügig, aber nicht mehr in den Dachbereich hineingezogen.

Die ersten Exemplare des E 301 waren schon 1964 produziert worden. Das neue Fahrerhaus prägte das Erscheinungsbild des Baggers. Es war nicht mehr direkt mit dem Maschinenhaus des Baggers verbunden sondern separat angebaut. Diese modulare Bauweise ermöglichte es auch, viele alte E 25-Bagger mit dem neuen Fahrerhaus nachzurüsten, wovon auch bis in die 1970er Jahre reichlich Gebrauch gemacht wurde. Das Maschinenhaus des E 301 wurde unverändert von der letzten Version des E 25 übernommen.

Beim E 301 war auch die gesamte Elektrik des Baggers auf den neuesten technischen Stand gebracht worden. Angetrieben wurde der E 301 von drei Elektromotoren:

- ein 130 kW-Elektromotor für den Ausleger- und Löffelhub sowie den Fahrantrieb
- ein 60 kW-Elektromotor für das Schwenkwerk
- ein 57 kW-Elektromotor auf dem Ausleger für den Löffelvorschub

Der Tagebau-Bagger E 301

Typ	Bauzeit	Löffel-Inhalt	Einsatz-Gewicht	Antrieb	Stück-zahl
E 301	1964-67	3,0 m³	106,4 bis 109,9 t[1]	3 Elektromotoren	134
E 301	1964-67	4,0 m³	108,4 bis 111,9 t[1]	3 Elektromotoren	

1 je nach Breite der Raupenketten

Der Standard-Löffelinhalt betrug 3,0 m³, wobei aber auch ein 4,0 m³-Löffel montiert werden konnte. Mit dem größeren Löffel erreichte der E 301 ein Einsatzgewicht von 110 Tonnen. Wie schon beim Vorgängertyp konnte zwischen Fahrwerken mit 650 mm, 1000 mm oder 1300 mm breiten Bodenplatten gewählt werden.

Der E 301 wurde bereits 1967 vom verbesserten E 302 abgelöst. In diesen etwa drei Jahren Bauzeit wurden 134 Stück des E 301 ausgeliefert, wobei aber nur 16 Stück im eigenen Land blieben. Der E 301 war deshalb in der ČSSR eine Rarität.

Der E 301 war der letzte Elektrobagger aus Uničov, der im Ausland unter der Marke „Škoda" vermarket wurde.

So stand der E 301 auf der Maschinenbaumesse in Brünn im Herbst 1965. Spätere Versionen hatten an der Stelle, an der hier das Škoda-Logo angebracht ist, ein weiteres Seitenfenster.

Teil 3: Der E 302

Schon 1967 folgte dem E 301 der neue Typ E 302. Äußerlich war kein Unterschied zu erkennen. Aber auch technisch entsprach der E 302 weitgehend dem Vorgängermodell. Lediglich der Fahrantrieb war modifiziert worden.

Der E 302 wurde zum Standardgerät in tschechoslowakischen Steinbrüchen und Sandgruben und belud oft ganz normale Straßen-Lkw. Auch in der DDR war der E 302 anzutreffen.

Auf dem E 302 tauchte das Škoda-Logo nicht mehr auf, sondern nur das Uničov-Markenzeichen. Um 1973 erschien erstmals der neue Markenname „Unex“ auf dem Ausleger.

Beim E 302 hatte Unex auch wieder eine diesel-elektrische Version im Angebot, die entweder als Erstausrüstung oder auch als Umrüstung eines vollelektrischen Baggers erhältlich war. Als Antriebsaggregat diente ein 12-Zylinder Cummins-Dieselmotor VT12-700-GS mit 545 PS. Es ist allerdings nichts darüber bekannt, ob tatsächlich solche diesel-elektrischen Versionen gebaut bzw. umgerüstet wurden.

Elektrobagger E 302

Typ	Bauzeit	Löffel-Inhalt	Einsatz-Gewicht	Motor	Stückzahl
E 302	1967-79	3,0 m³	107,1 bis 110,3 t[1]	3 Elektromotoren	529
E 302	1967-79	4,0 m³	109,1 bis 112,3 t[1]	3 Elektromotoren	

[1] je nach Breite der Raupenketten

Dieses Bild zeigt eine frühe Version des E 302 – mit den schmalen Raupenketten von 650 mm Breite. Die roten Streifen wurden in den 1970er Jahren nicht mehr verwendet.

Der E 302, Bau-Nr. 5651-04-22, Baujahr 1972, arbeitete in diesem Steinbruch in Dornreichenbach in Sachsen zu DDR-Zeiten.

Dieser E 302 ist am Fahrerhaus mit einer Filteranlage gegen den Kohlenstaub ausgerüstet. Er stammt ebenfalls aus dem Jahr 1972 (Bau-Nr. 5644-04-15) und ist bis heute am Kohle-Umschlagplatz in Most-Čepirohy eingesetzt. Wie im Kohle-Tagebau üblich, verfügt er über die 1300 mm breiten Raupenbänder.

Den E 302 gab es auch als Schleppschaufelbagger wie dieses Exemplar in einer polnischen Sandgrube

Oben: In manchen Sandgruben – wie hier in Bratčice bei Brno – sind Elektro-Hochlöffelbagger nach wie vor beliebt und auch wirtschaftlich, wenn die elektrische Infrastruktur vorhanden ist. Dieser E 302 wurde 1973 gebaut (Bau-Nr. 5810-07-24).

Links: Im Steinbruch Pilsen-Litice gab es drei E 302. Einer davon war dieser von 1974.

Auf diesem E 302, Baujahr 1974, ist schon der neue Markenname „Unex" zu lesen. Dieser Bagger war bis nach der Wiedervereinigung im Steinbruch Großkoschen bei Senftenberg in Brandenburg im Einsatz.

Die Aufgabe dieses E 302 war die Sandverladung auf Flußfähren vor malerischer Kulisse an der Elbe südlich Usti nad Labem.

Ein E 302 von Sokolovska Uhelná beim Beladen von Abraumzügen. Trotz der 1300 mm breiten Raupenketten mussten bei solch weichen Böden Holzbohlen untergelegt werden.

Exakt der gleiche Bagger fünf Jahre später (2003) in ähnlicher Einsatzsituation. Inzwischen war der Bagger neu lackiert worden. Er stammt von 1976, Bau-Nr. 6436-13-74.

Nochmals der selbe Bagger im Kohle-Tagebau „Lom Družba" bei Sokolov im Einsatz 1998 …

… und abgestellt im eiskalten Winter 2010/11.

Auch 2014 ist dieser E 302, Baujahr 1976, Bau-Nr. 6550-14-17, noch im täglichen Einsatz im Steinbruch Czatkowice in Polen.

Ein E 302 von 1977, Bau-Nr. 6814-19-24, im Steinbruch Plesovice in Südböhmen.

Im Steinbruch Plesovice waren zumindest bis 2014 solche Szenen noch alltäglich.

Der Steinbruch Pilsen-Litice verfügte auch noch über diesen 1978er E 302.

Im Sand-Tagebau Bzenec in Südmähren lädt dieser E 302 von 1978 bis heute Sand in einen Trichter, der mit einer Bandanlage verbunden ist.

Der Steinbruch Pisek setzt diesen E 302 aus dem letzten Produktionsjahr 1979 ein.

Teil 4: Der E 303

Im Jahr 1979 wurde die letzte Generation der Unex-Elektrobagger vorgestellt – der E 303.

Gegenüber dem E 302 hatte er einen kantiger gestalteten Oberwagen. Das Fahrerhaus wurde nach hinten verlängert und erhielt dadurch vergrößerte Seitenfenster. Technisch gab es allenfalls Änderungen im Detail.

Insgesamt wurden bis zum Produktionsende 1991 über 700 Elektrobagger E 303 gebaut, wovon etwa zwei Drittel exportiert wurden. Im Jahr 2022 sind sowohl in Tschechien als auch zahlreichen anderen Ländern noch viele davon im Einsatz.

Nachdem die inzwischen privatisierte Firma Unex auch den Bau von Hydraulikbaggern im Jahr 2003 endgültig aufgegeben hatte, gründete sich im selben Jahr auf dem Unex-Werksgelände von Unex in Uničov die neue Firma ND LOR Uničov, a.s. Diese Firma erwarb alle Lizenzrechte von Unex zum Bau von Unex Seil- und Hydraulikbaggern und spezialisierte sich auf den Service und die Erneuerung von alten Unex-Baggern. Der Schwerpunkt liegt auf der Reparatur und dem Komplett-Wiederaufbau („Rebuild") von Seilbaggern der Typen E 302 und E 303. Unter der Bezeichnung E 303.M2 wird sogar eine vollständig modernisierte Version des E 303 angeboten, die auf der Basis von alten E 303-Baggern aufgebaut werden kann. ND LOR wäre zur Neu-Herstellung von E 303-Seilbaggern in der Lage. Bisher ist jedoch kein solcher Neubau bekannt geworden.

Mit diesem Prospekt wurde der E 303 im Jahr 1979 vorgestellt

Elektrobagger E 303

Typ	Bauzeit	Löffel-Inhalt	Einsatz-Gewicht[1]	Motor	Stück-zahl[2]
E 303	1979-91	3,4 m³	112,1-115,3 t	3 Elektromotoren	584
E 303	1979-91	5,0 m³		3 Elektromotoren	

1 je nach Breite der Raupenketten

2 erfasste Stückzahl bis Ende 1988 / die Produktion wurde bis 1991 fortgesetzt

Ein E 303 aus dem ersten Produktionsjahr 1979 war im Tagebau „Lom Družba" der Falkenauer Kohlen-Bergwerke (Sokolovska Uhelná) bis in die 2010er Jahre im Einsatz

In diesem Steinbruch bei Beroun belädt ein E 303, Baujahr 1980, Bau-Nr. 7902-03-20, einen Belaz-Muldenkipper 540 der ersten Generation.

In der eindrucksvollen Landschaft an der Elbe vor der Burgruine Schreckenstein (Hrad Střekov) bei Aussig wartet dieser E 303, Bau-Nr. 7974-03-02 (1980), auf die nächste Beladung eines Lastenkahns.

Vier Jahre später (2005) gehört der selbe Bagger der Firma Skanska und ist in blau umlackiert. Die Aufgabe ist aber unverändert.

Das große Zementwerk Králův Dvůr bei Beroun setzte bis in die 1990er Jahre mehrere E 303-Elektrobagger in ihrem Steinbruch ein – so wie diesen aus dem Jahr 1982, Bau-Nr. 9361-08-09.

E 303-Bagger waren auch im Sand-Tagebau sehr beliebt. Dieses 1982er-Modell arbeitet heute noch in einer Sandgrube bei Brünn.

Im Steinbruch Plesovice in Südböhmen gibt es auch 2016 noch solche Beladeszenen. Der E 303 wurde 1982 gebaut (Bau-Nr. 9509-09-13).

Dieser E 303 von 1982 (Bau-Nr. 9166-06-12) ist mit einem Staubfilter ausgestattet. Er wird bis heute vom Energieunternehmen Sev.En Energy in Most eingesetzt.

Als Schleppschaufelbagger war der E 303 nicht so häufig anzutreffen. Diese Version von 1981 (Bau-Nr. 8995-05-15) arbeitet bis heute in einem Kieswerk bei Olomouc.

Ein E 303 (1983) mit der Bau-Nr. 9532-10-12 belädt eine Belaz-Mulde in diesem Steinbruch bei Beroun

Auch der Steinbruch im mährischen Hrabůvka hielt sehr lange an den bewährten E 303-Baggern fest. Dieser wurde 1984 gebaut (Bau-Nr. 9998-14-12).

Ein weiterer E 303 von 1984 (Bau-Nr. 9989-14-03) ist …

… hier im Team mit einem Terex-Muldenkipper eingesetzt (Steinbruch Depoltovice bei Karlsbad).

Auch im hoch in den Felsen über der Stadt Aussig (Usti nad Labem) gelegenen Steinbruch „Máriánska Skála“ vertraute man auf einen E 303 (Baujahr 1984, Bau-Nr. 9995-14-09).

In Polen war der E 303 ebenfalls weit verbreitet. Hier eine Version von 1985 (Bau-Nr. 10366-16-01) im Steinbruch Czatkowice.

Das Kohle-Unternehmen Sokolovska Uhelná setzte diesen E 303-Greifbagger (Baujahr 1985, Bau-Nr. 10030-15-20) zum Schlacke-Baggern beim Kraftwerk Vřesova ein.

Auch wenn der Bagger inzwischen eine andere interne Werksnummer und ein neu lackiertes Gegengewicht erhalten hat, handelt es sich um den gleichen Bagger wie auf dem Bild zuvor – nur zehn Jahre später (2008).

Im Zementwerk Morawice (Polen) belädt dieser E 303 (1986), Bau-Nr. 10424-18-11, diesen Belaz-Muldenkipper.

Auch zehn Jahre später (2015) ist der gleiche Bagger immer noch vorhanden und räumt nach einer Sprengung auf.

Nur im Kohle-Tagebau waren E 303 mit den 1300 mm breiten Bodenplatten zu finden. Trotzdem hat man hier noch Holzbohlen untergelegt. Es ist eine 1987er Version, Bau-Nr. 10709-20-21, im Tagebau „Lom Družba" in Sokolov.

Ein weiterer E 303 von 1987 (Bau-Nr. 10730-21-18) im Sand-Tagebau von Bratčice in Südmähren.

Im Zementwerk ODRA bei Oppeln (Polen) waren zahlreiche E 303 im Einsatz. Im Jahr 2013 war noch dieses 1988er Modell, Bau-Nr. 11042-04-05, übrig.

Das Zementwerk Mořina bei Beroun beschaffte sich noch 1989 einen neuen E 303.

ND LOR Uničov, a.s.
www.ndlor.cz
UNEX
E303.M2
ELECTRIC ROPE SHOVEL
Engine power 260 kW
Operating weight up to 110 000 kg
Bucket capacity up to 5 m
Operating costs about €0,19/t (for €0,23/kWh - current EU average)
ELECTRIC DRIVE
THE LOWEST OPERATIONAL COSTS
ECOLOGICAL OPERATION

Das Angebot der neuen Firma ND LOR für eine modernisierte Version des E 303.

Im Jahr 1990 ersetzte der Steinbruch Depoltovice bei Karlsbad nochmals einen älteren Bagger durch einen neuen E 303. Da hatte der Belaz-Muldenkipper bereits einige tausend Betriebsstunden hinter sich.

KSK E 7 – Der Gigant aus Teplice 1971 bis 1985

Das Škoda-Werk in Pilsen hatte 1953 die letzten Exemplare des gigantischen 350-Tonnen-Elektrobaggers E 7 mit einem 7 m^3-Löffel ausgeliefert. Einige davon waren im nordböhmischen Kohlerevier eingesetzt und kamen gegen Ende der 1960er Jahre an das Ende ihrer Lebensdauer. Das Baggerwerk Uničov hatte die Produktion dieser größten Löffelbagger Europas nie wieder aufgenommen.

Im nordböhmischen Kohlerevier dominierte in den 1960er Jahren noch der sogenannte Zugbetrieb, d.h. der Abraum und auch die Kohle wurde durch Eisenbahnzüge aus den Gruben herausbefördert. Bandbetrieb war die absolute Ausnahme. Aus diesem Grund war es üblich, dass der Abraum in den Randbereichen der Tagebaue, die oft durch Schaufelradbagger nicht erreicht werden konnten, durch Löffelbagger auf Eisenbahnwaggons verladen und auf die Kippe transportiert wurde. Auf den Abraumhalden kippten die Waggons das Material ab. Da die Gleise nicht ständig verlegt werden konnten, wurden dort Löffelbagger zur Freihaltung der Abkippflächen benötigt.

In den meisten Gruben wurden für diese Zwecke die 100-Tonnen-Elektrobagger E 25 bis E 303 eingesetzt. Allerdings gab es Tagebaue, in denen größere Materialmengen zu bewältigen waren, für die diese Bagger nicht leistungsfähig genug waren. Deshalb wurde Ende der 1960er Jahre der Ruf nach neuen Großbaggern in der 350/400-Tonnen-Klasse laut. Das Werk Uničov sah sich jedoch nicht in der Lage, solche Bagger zu bauen.

Da entstand beim nordböhmischen Kohlebergbau-Kombinat „Severočeske Doly" der Gedanke zur Selbsthilfe. Es gab in Nordböhmen den Schwermaschinenbau KSK (Krušnohorské Strojirny k.p. = Erzgebirgische Maschinenbaugesellschaft) mit Werken in Teplitz (Teplice) und Kommern (Komořany) bei Brüx (Most). Diese Firma war aus der Maschinenfabrik Berndt hervorgegangen, gegründet 1912 in Teplitz, die 1942 während der Ausweitung des Kohlebergbaus in Nordböhmen die Zentralwerkstatt Kommern aufgebaut hatte. Dort wurden Bauteile für große Bergbaugeräte gefertigt und der Service für solche Maschinen bereitgestellt.

Nach dem Zweiten Weltkrieg wurde die Firma Berndt verstaatlicht und in KSK umbenannt. KSK stellte weiterhin Maschinen und Bauteile aller Art für den Kohle-Bergbau her.

Mit KSK gab es also eine leistungsfähige Maschinenfabrik, die grundsätzlich in der Lage sein sollte, auch große Löffelbagger herzustellen. Man besorgte sich die Baupläne der alten E 7-Elektrobagger aus Pilsen und konstruierte daraus eine modernisierte Version des E 7-Baggers. Die Elektrik mit Ward-Leonard-Steuerung musste komplett neu entwickelt werden. Auch ein neues geräumiges Modul-Fahrerhaus nach dem Vorbild des E 302-Baggers war erforderlich. Im Jahr 1971 war im Werk Teplice der erste Prototyp fertig. Das war wohl weltweit der erste und einzige Fall, dass eine Maschinenfabrik, die vorher nie Bagger gebaut hatte, praktisch (fast) aus dem Nichts einen riesigen 400-Tonnen-Bagger verwirklichte. Die Leistungsdaten waren beeindruckend:

- Einsatzgewicht: 371 Tonnen
- Löffelinhalt: 7 m^3
- Gesamtleistung der Elektromotoren: 513 kW
- Maximale Grab-Reichweite: 19 m
- Maximale Grab-Höhe: 14 m
- Maximale Stundenleistung: 560 m^3/h

Zwischen 1971 und 1985 wurden insgesamt 14 Stück dieser neuen E 7-Bagger gebaut. Sie wurden in den Tagebauen von Most, Bilina und Tušimice eingesetzt. Im Jahr 2022 ist immer noch ein Exemplar des E 7 bei der Rekultivierung des Tagebaus „Dul Jan Šverma" bei Most im Einsatz. Dieser Bagger wurde ursprünglich 1978 gebaut, aber im Jahr 2006 generalüberholt und neu aufgebaut.

In der Größe vergleichbar mit dem E 7 ist lediglich der Ruston-Bucyrus 195-B, von dem allerdings aktuell keiner mehr im Einsatz ist. Deshalb kann man den letzten E 7 in Tschechien als den größten in Europa gebauten und derzeit noch arbeitenden Löffelbagger bezeichnen. Er stellt ein einmaliges Zeugnis der Technikgeschichte dar.

So präsentierte sich das Staatsunternehmen KSK zu sozialistischen Zeiten. Heute existiert KSK nicht mehr als eigenständige Firma sondern ist im Maschinenbau-Unternehmen Slovácke Strojirny, a.s. aufgegangen.

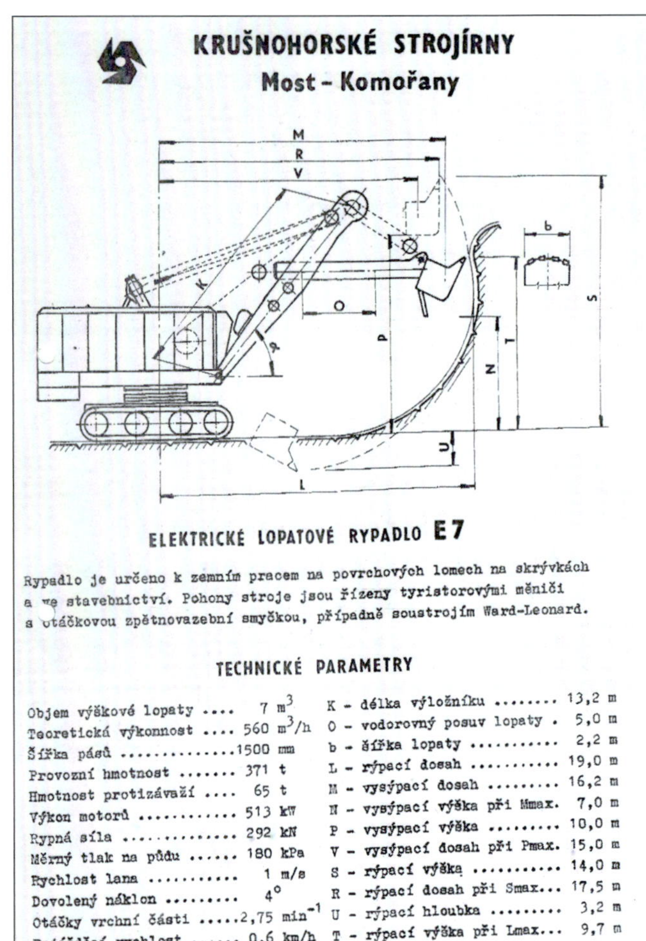

KRUŠNOHORSKÉ STROJÍRNY
Most - Komořany

ELEKTRICKÉ LOPATOVÉ RYPADLO E 7

Rypadlo je určeno k zemním pracem na povrchových lomech na skrývkách a ve stavebnictví. Pohony stroje jsou řízeny tyristorovými měniči s otáčkovou zpětnovazební smyčkou, případně soustrojím Ward-Leonard.

TECHNICKÉ PARAMETRY

Objem výškové lopaty .... 7 m^3	K - délka výložníku .... 13,2 m
Teoretická výkonnost .... 560 m^3/h	O - vodorovný posuv lopaty . 5,0 m
Šířka pásů ....1500 mm	b - šířka lopaty .... 2,2 m
Provozní hmotnost .... 371 t	L - rýpací dosah .... 19,0 m
Hmotnost protizávaží .... 65 t	M - vysýpací dosah .... 16,2 m
Výkon motorů .... 513 kW	N - vysýpací výška při Mmax. 7,0 m
Rypná síla .... 292 kN	P - vysýpací výška .... 10,0 m
Měrný tlak na půdu ...... 180 kPa	V - vysýpací dosah při Pmax. 15,0 m
Rychlost lana .... 1 m/s	S - rýpací výška .... 14,0 m
Dovolený náklon .... 4°	R - rýpací dosah při Smax... 17,5 m
Otáčky vrchní části .....2,75 min^{-1}	U - rýpací hloubka .... 3,2 m
Pojížděcí rychlost ...... 0,6 km/h	T - rýpací výška při Lmax... 9,7 m

Das Datenblatt des E 7-Elektrobaggers.

Einer der ersten neuen E 7-Bagger im Einsatz (1975).

Dieser E 7, Werks-Nr. 154, wurde 1979 gebaut und ist hier im Jahr 1993 im Tagebau „Československé Armady" bei Most zu sehen.

Dieser E 7, Werks-Nr.156, von 1980, war hier 1993 bereits abgestellt.

Der E 7 mit der Werks-Nr.158 (1981) arbeitet hier 1999 im Tagebau „Jan Šverma“ in Most.

Mit dem E 7 mit seinen 370 Tonnen Einsatzgewicht ist in Europa allenfalls der Ruston-Bucyrus 195-B vergleichbar.

Der E 7 musste hier den von Eisenbahnwaggons abgekippten Abraum verteilen.

Der E 7, Werks-Nr. 159 (1982) war einer von mehreren E 7 im Tagebau bei Komořany.

Der E 7 mit der Werks-Nr. 160 war 1983 einer der letzten E 7, die in Teplice gebaut wurden. Er baggert hier Abraum im Tagebau bei Most im Jahr 2000.

Der massive Rundstiel mit Seilvorschub und 7 m^3-Löffel sind schon eindrucksvoll.

Dieser E 7 von 1978 mit der Werks-Nr. 152 wurde im Jahr 2006 generalüberholt und neu aufgebaut. Er ist hier im Jahr 2016 bei der Rekultivierung des Tagebaus „Jan Šverma" in Most zu sehen – als letzter überlebender E 7-„Dinosaurier".

DIE UNEX HYDRAULIKBAGGER

1969 bis 2003

Teil 1: Die Baureihe 100

Das Uničov-Baggerwerk befasste sich in den 1960er Jahren erstmals mit der Entwicklung von hydraulischen Baggern. Allerdings beschränkte man sich zunächst auf Anbaubagger für Traktoren. Wie in den meisten Ländern des sozialistischen Ostblocks sah man zu dieser Zeit noch keine Notwendigkeit, Hydraulikbagger auf Raupenfahrwerken zu konstruieren. Es dominierten überall noch die Seilbagger. Außerdem fehlte es an der erforderlichen Technologie für die hydraulischen Komponenten. Um 1968 beschloss man aber in Uničov, in die Hydrauliktechnik einzusteigen und in diesem Bereich ein Vorreiter in den osteuropäischen Ländern zu werden.

Es wurde ein Hydraulikbagger in der 0,8 m³-Klasse entwickelt, von dem 1969 jeweils ein Prototyp auf Raupen-, Räder- oder Lkw-Fahrgestell (Tatra T813 6x6) hergestellt wurde. Dieser als Typ DH 081 bezeichnete Bagger durfte aber aufgrund einer staatlichen Anordnung nicht in die Produktion gehen, weil im Wirtschaftsbündnis der sozialistischen Länder RGW beziehungsweise Comecon genau geregelt war, welche Hersteller in welchen Landern welche Maschinentypen herstellen durften. Hydraulische Bagger unter 1 m³ Löffelinhalt waren hier nicht der ČSSR zugeordnet.

Also machte man sich in Uničov an die Arbeit, einen etwas größeren Hydraulikbagger zu entwickeln. Ende 1969 war der Prototyp DH 100 mit einem 1,0 m³-Tieflöffel fertig. Das Kastenlaufwerk wurde durch drei Hydraulikmotoren angetrieben, wobei man hier Komponenten des deutschen Herstellers Rexroth verwendete. Als Antriebsquelle griff man auf den bewährten 6-Zylinder Škoda (LIAZ) Dieselmotor mit 11,9 Litern Hubraum aus dem Lkw-Bereich zurück. Da man zur gleichen Zeit schon bei den Seilbaggern D 063 und D 141 mit dem Industriedesigner Professor Petr Tučný zusammenarbeitete, war dieser auch für die äußere Gestaltung des DH 100 zuständig. Es entstand ein modernes, streng geometrisches Design mit niedriger Silhouette des Maschinenraums und einer großzügig verglasten Fahrerkabine in Leichtbauweise und positiver Neigung der Windschutzscheibe. Die Fahrerkabine wurde in Fahrtrichtung rechts angeordnet.

Auf der Brünner Maschinenbaumesse im Herbst 1970 wurde dann die Serienversion DH 101 öffentlich gezeigt. Der DH 101 hatte jetzt das Fahrerhaus links – wie bei den meisten anderen Bagger-Herstellern. Der DH 101 erregte auf der Messe großes Aufsehen und wurde mit einer Goldmedaille für innovatives Industriedesign ausgezeichnet. Der DH 101 war gleich sehr erfolgreich. Von den in acht Jahren produzierten 1315 Exemplaren konnten 845 Stück exportiert werden.

Im Jahr 1974 stellte Unex die neue Version DH 102 vor. Dieser Bagger hatte jetzt eine geänderte Fahrerkabine mit negativer Frontneigung. Der entscheidende Unterschied zum DH 101 war aber das völlig neue und moderne Traktorlaufwerk. Genau das wurde aber dem DH 102 zum Verhängnis, denn dieses Laufwerk wurde komplett aus dem Ausland importiert und verteuerte den Bagger ganz erheblich. Bei der chronischen Devisenknappheit sozialistischer Staaten konnte dieser Import nicht durchgehalten werden. Obwohl es technisch ein sehr guter Bagger war, wurden vom DH 102 nur elf Stück hergestellt. Dann verschwand dieser Typ wieder in der Versenkung.

Unabhängig von diesem Versuch mit dem DH 102 war der DH 101 unverändert weiterproduziert worden. Und das blieb noch bis 1978 so. Ab 1974 erhielt auch der DH 101 das beim DH 102 vorgestellte neue Fahrerhaus mit negativer Neigung der Windschutzscheibe. Zu dieser Zeit erschien erstmals der neue Markenname „Unex" auf dem Bagger.

Schon vor Produktionsende des DH 101 – im Jahr 1976 – stellte Unex aber mit dem DH 103 einen Nachfolger vor. Der hatte auch ein modernes Traktorlaufwerk, jetzt aber weitgehend aus eigener Fertigung mit lediglich in der CSSR in Lizenz gebauten Linde-Komponenten. Mit dem für den DH 102 erneuerten Fahrerhaus wurde jetzt auch der DH 103 ausgestattet. Der DH 103 wurde ebenfalls vom Škoda-Motor ML-634 angetrieben. Der Standard-Löffelinhalt betrug 1,25 m³ und die Raupenketten konnten in vier verschiedenen Breiten von 400 mm bis 900 mm geliefert werden. Wie schon der DH 101 war auch der DH 103 sehr beliebt in der Ausführung mit Frontschaufel (Hochlöffel). Beim DH 103 gab es eine enge Kooperation mit dem jugoslawischen Baumaschinen-Hersteller Industrija 14. Oktobar in Kruševac.

Von den insgesamt 574 produzierten Exemplaren des DH 103 blieben mit 496 Stück die meisten im eigenen Land.

Hydraulikbagger Baureihe 100

Typ	Bauzeit	Löffel-Inhalt	Einsatz-Gewicht[1]	Motor	Stückzahl[2]	Sonstiges
DH 081	1969	0,8 m^3	n.n.	n.n.	3	Prototypen
DH 100	1969	1,0 m^3	26,5 t	Škoda (LIAZ) ML630 / 173 PS	1	Prototyp
DH 101	1970-78	1,25 m3	26,7 t	Škoda (LIAZ) ML634 / 175 PS	1315	
DH 102	1974	1,25 m^3	28 t	Škoda (LIAZ) ML634 / 175 PS	11	importiertes Traktorlaufwerk
DH 103	1976-77	1,25 m^3	27,6 t	Škoda (LIAZ) ML634 / 180 PS	574	
DH 103	1977-83	1,35 m^3	27,8 t	Škoda (LIAZ) ML634 / 206 PS		

Obwohl es eigentlich nur einen Prototyp gab, wurde vom DH 100 auch schon ein Prospekt gedruckt (1970)

Im Herbst 1970 wurde dann der DH 101 vorgestellt.

Dieser DH 101 von 1972 mit dem ursprünglichen Fahrerhaus arbeitete auch 1994 noch in diesem Steinbruch in Stříbro.

Diese 1976er Version des DH 101 war schon mit dem neuen Fahrerhaus ausgestattet.

Auch in den 2000er Jahren war dieser DH 101 (1976) noch in einem Steinbruch bei Brünn im Einsatz.

In einem Sandtagebau bei Langenorla in Thüringen konnte man diesen DH 101 aus dem letzten Produktionsjahr 1978 finden.

Auf der Maschinenbaumesse 1976 in Brunn wurde der DH 103 mit dem neuen eigenen Traktor-Laufwerk präsentiert.

Der DH 102 wurde wegen des importierten Traktor-Laufwerks kein Erfolg.

Auch im Jahr 2010 war dieser DH 103 von 1978 noch täglich im Einsatz in diesem Steinbruch bei Cheb.

Dieser DH 103 stammt aus dem letzten Produktionsjahr 1983.

Teil 2: Die Baureihe 400

Im Jahr 1978 hatte Unex das Bezeichnungssystem für die Hydraulikbagger mit der Vorstellung des DH 611 umgestellt. Der Standard-Löffelinhalt tauchte – weil variabel – nicht mehr in der Typenbezeichnung auf, sondern die Ziffern hatten jetzt folgende Bedeutung:

- Erste Ziffer: Baureihe bzw. Größenklasse des Baggers
- Zweite Ziffer: Entwicklungsstufe
- Dritte Ziffer: immer die „1"

Nach diesem neuen System wurde 1983 der DH 411 als Nachfolger des DH 103 vorgestellt.

Das Fahrerhaus war gegenüber dem DH 103 nur geringfügig verändert. Auch technisch entsprach der DH 411 weitgehend dem Vorgänger. Beim Ausleger konnte der Kunde jetzt zwischen einem Monoblock- oder Verstell-Ausleger wählen. Die Hydraulikkomponenten stammten wieder von Rexroth und wurden im eigenen Land hergestellt. Der LIAZ-Motor ML 634 wurde beibehalten, jedoch konnte der DH 411 in der CSSR auch mit dem luftgekühlten Tatra V8-Diesel T2-928 ausgestattet werden. Davon wurde jedoch nur in geringem Umfang Gebrauch gemacht.

Der DH 411 blieb zehn Jahre in der Produktion und erreichte wie sein Vorgänger beachtliche Stückzahlen.

1988 stellte Unex mit dem DH 421 eine zweite Version neben dem DH 411 vor – jedoch nur für inländische Kunden. Es sollte ein kostengünstigeres Angebot sein, denn der DH 421 war mit Hydraulikpumpen aus der Slowakei (ZTS Dubnica) ausgestattet. Ansonsten gab es kaum Unterschiede zum DH 411. Diese Pumpen aus heimischer Produktion waren jedoch sehr unzuverlässig und bewährten sich nicht. Nach nur geringer Stückzahl wurde der DH 421 schon im Jahr 1991 wieder aus dem Programm genommen. Anfangs wurde der DH 421 noch mit der Fahrerkabine des DH 411 ausgeliefert. Noch im Laufe des Jahres 1988 erhielt er aber eine neue Fahrerkabine, die am oberen Ende abgeschrägt war und dort ein Ausstellfenster hatte. Diese Fahrerkabine wurde ab 1991 zum Standard für alle Unex-Hydraulikbagger, wobei die Kabine etwa ab diesem Zeitpunkt schwarz oder dunkelgrau farblich abgesetzt wurde.

1990 erschien dann mit dem DH 431 eine weitere Version, die ebenfalls nicht die Nachfolge des DH 411 antreten sollte. Bei dieser Version – auch mit der neuen Fahrerkabine – probierte Unex den neuen LIAZ-Dieselmotor M 636 mit Turbolader aus. Deshalb war die Blechverkleidung des Oberwagens beim DH 431 anders gestaltet. Aber auch der DH 431 wurde keine Erfolgsgeschichte und verschwand um 1993 wieder.

Abgelöst wurde der DH 411 erst vom DH 441, wobei dieser schon 1991 auf den Markt kam und der DH 411 noch bis 1993 weiterproduziert wurde. Beim DH 441 griff Unex wieder auf den bewährten 6-Zylinder LIAZ-Dieselmotor ML 634 mit 180 PS zurück. Neu war aber der hydraulische Antrieb vom deutschen Hersteller Lohmann, der den Bagger wieder spürbar verteuerte. Die Wahl zwischen Monoblock- und Verstellausleger gab es auch beim DH 441 wieder.

Hydraulikbagger Baureihe 400

Typ	Bauzeit	Löffel-Inhalt	Einsatz-Gewicht[1]	Motor	Stückzahl[2]	Sonstiges
DH 411	1983-93	1,25 m³	27,5 t	LIAZ ML634 / 180 PS oder (nur CSSR) Tatra T2-928 / 160 PS	(563)	ab 1991 neue Fahrerkabine
DH 421	1988-91	1,4 m³	29,3 t	LIAZ ML634 / 180 PS oder Tatra T2-928 / 160 PS	(59)	kein Export / ab E 88 neue Fahrerkabine
DH 431	1990-93	1,4 m³	28,8 t	LIAZ M 636 oder Tatra T2-928	n.n.	kein Export
DH 441	1991-95	1,4 m³	28 t	LIAZ ML 634 / 180 PS	n.n.	

[2] Stückzahl nur bis Ende 1988 erfasst

Dieser DH 411 war 2005 beim Autobahn-Neubau bei Aussig (Usti nad Labem) eingesetzt.

Der DH 411 war in der Hochlöffel-Ausführung sehr häufig in Steinbrüchen zu finden.

Dieser DH 411 von 1985 war auch 2010 noch im harten Einsatz in einem Steinbruch bei Cheb. Auch der Stavostroj Gelenkkipper hat einige Betriebsstunden auf dem Buckel.

Ab 1990 erhielt auch der DH 411 – wie alle anderen Unex-Hydraulikbagger – die neue, farblich abgesetzte Fahrerkabine.

Schon ab Ende 1988 wurde der neue DH 421 mit der vorne im Dachbereich abgeschrägten neuen Fahrerkabine ausgestattet.

Dieser DH 421 von 1989 arbeitet in der Abraumbeseitigung in einem Steinbruch bei Cheb.

Dieser DH 421 von 1991 in einer Kaolingrube verfügt schon über die farblich abgesetzte Kabine.

Unten: Auch der DH 421 war mit Frontschaufel (Hochlöffel) erhältlich. Diese 1991er Version war im Steinbruch Proseč eingesetzt.

Der DH 431 war nicht oft anzutreffen. Dieses 1992er Modell ist mit dem luftgekühlten Tatra-Motor ausgerüstet.

Das Kieswerk Grygov bei Olomouc setzte diesen DH 431, Baujahr 1993, ein – ebenfalls mit Tatra-Motor.

Links: Im Jahr 1991 wird der neue DH 441 vorgestellt – hier auf dem Werksgelände in Uničov.

Der DH 441 war äußerlich kaum vom DH 421 zu unterscheiden. Dieses 1992er Modell arbeitet in einer Kaolingrube.

Eine Greiferausrüstung war beim DH 441 eher selten. Dieser DH 441 stammt aus dem letzten Produktionsjahr 1995.

Teil 3: Die Baureihe 600

Der neue DH 611 erregte auf der Maschinenbau-Messe in Brünn 1978 einiges Aufsehen. Es war der erste Unex Hydraulikbagger in der 40-Tonnen Klasse. Er wurde auf der Messe auch gleich mit einer Goldmedaille ausgezeichnet.

Mit dem DH 611 führte Unex erstmals ein neues System bei den Typenbezeichnungen ein, das wir schon bei der Baureihe 400 näher erläutert haben. Der DH 611 hatte einen Standard-Löffelinhalt von 1,6 m^3. Da LIAZ in der erforderlichen Leistungsklasse noch keinen geeigneten Dieselmotor anzubieten hatte, blieb als einziges heimisches Antriebsaggregat nur der massive luftgekühlte Zwölfzylinder T930 von Tatra übrig. Er schöpfte aus 17,6 Liter Hubraum eine Dauerleistung von 238 PS. Durch sparsamen Spritverbrauch fiel dieser Motor logischerweise nicht auf. Die Hydraulik des Baggers kam von Rexroth. Die Raupenketten waren in Breiten von 550 und 700 mm erhältlich. Der DH 611 war zwar bis 1982 ein Bestandteil des Unex-Programms, aber die Stückzahlen blieben bescheiden. Von insgesamt 47 Baggern wurden nur neun Stück exportiert.

1983 löste der verbesserte DH 621 den DH 611 ab. Der Kunde konnte jetzt zum ersten Mal statt des Verstell-Auslegers einen Monoboom-Ausleger bestellen. Neu war auch der Antriebsmotor. LIAZ hatte jetzt den neuen M637 im Programm – das war im Grunde eine turboaufgeladene Version des bekannten Sechszylinders ML634 mit 11,9 Liter Hubraum. Unex baute den M637 im DH 621 mit einer Dauerleistung von 237 PS ein. Der Zwölfzylinder-Tatra-Motor war zwar anfangs für tschechoslowakische Käufer noch erhältlich. Er wurde aber nach kurzer Zeit nicht mehr angeboten.

Eine absolute Neuheit war aber eine elektrische Version des Baggers mit der Bezeichnung EH 621. Viele Steinbrüche und Sandgruben in der CSSR verfügten ja aufgrund des Einsatzes von Elektro-Seilbaggern über die notwendige elektrische Infrastruktur. Unex wollte diesen Betrieben eine Alternative mit einem Elektrobagger in der 40-Tonnen-Klasse bieten. Der Erfolg war allerdings nicht durchschlagend. Vom EH 621 wurden gerade einmal sechs Stück gebaut, von denen ein einziges Exemplar in den Export ging.

Im Jahr 1989 ersetzte der DH 631 und EH 631 den 621. Dieser war jetzt mit dem vom DH 411/421 bekannten neuen Fahrerhaus ausgestattet. Vor allem hatte er einen neu entwickelten Unterwagen mit hydraulischem Antrieb von Lohmann. Der Antriebsmotor blieb der LIAZ M637 mit Turbolader.

Der DH/EH 631 blieb zwar bis 1993 im Programm, aber Unex stellte ihm schon 1991 die weiterentwickelte Version DH/EH 641 zur Seite, die dann bis 1998 gebaut wurde. Auch der 641 war mit den hydraulischen Komponenten von Lohmann und dem LIAZ M637-Dieselmotor ausgerüstet. Wesentliche Unterschiede zwischen dem 631 und 641 sind nicht erkennbar.

Hydraulikbagger Baureihe 600

Typ	Bauzeit	Löffel-Inhalt	Einsatz-Gewicht[1]	Motor	Stückzahl[2]
DH 611	1978-82	1,6 m^3	41,2 t	Tatra T930-31 / 238 PS	47
DH 621	1983-89	1,6 m^3	43,9 t	LIAZ M637 Turbo / 237 PS *oder (nur CSSR bis ca.85)* Tatra T3-930-34 / 230 PS	61
EH 621	1983-89	1,6 m^3	43,9 t	Elektromotor 160 kW	6
DH 631	1989-93	1,6 m^3	42,9 t	LIAZ M637 Turbo / 237 PS	n.n.
EH 631	1989-93	1,6 m^3	42,9 t	Elektromotor 160 kW	n.n.
DH 641	1991-98	1,6 m^3	42,9 t	LIAZ M637-M1.2A / 230 PS	n.n.
EH 641	1991-98	1,6 m^3	42,9 t	Elektromotor 160 kW	n.n.

Auf der Maschinenbau-Messe Brünn 1978 wurde der DH 611 präsentiert.

Der DH 611 auf einer britischen Messe – diesmal mit Hochlöffel.

Über das Exportunternehmen Strojexport beteiligte sich Unex 1980 erstmals an der BAUMA-Messe in München und zeigte den DH 611.

Dieser DH 611 arbeitet auf der Autobahn-Baustelle Waidhaus-Prag im Jahr 1995.

Unten: Mancher Bagger, der als Ladegerät ausgedient hatte, erhielt im Steinbruch eine neue Aufgabe mit Hydraulikhammer – wie dieser DH 621 von 1983.

Der DH 621 von 1985 war in einem Steinbruch bei Prachatice im Einsatz.

Eine 1986er Version des DH 621 beim Autobahnbau bei Pilsen 1995.

Dieser DH 621, Baujahr 1987, belädt einen Belaz-Muldenkipper im Zementwerk Lovosice.

Dieser DH 621 von 1987 ist mit einem speziellen langen Löffelstiel ausgerüstet.

Dieser DH 621 (1987) hat mit einem Bohrgerät eine eher ungewöhnliche Ausrüstung.

Einer von insgesamt nur sechs Elektrobaggern EH 621 war hier im Steinbruch Měrunice im Einsatz.

1989 wurde der DH 631 vorgestellt – mit der neuen Fahrerkabine.

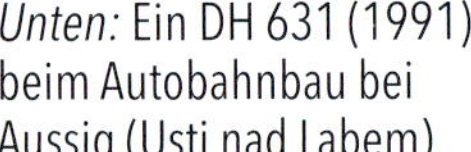

Unten: Ein DH 631 (1991) beim Autobahnbau bei Aussig (Usti nad Labem)

Im Steinbruch Smrči bei Liberec arbeitete dieser DH 631 von 1991 – schon mit der dunklen Kabine.

Dieser Elektrobagger EH 631 (1990) existiert noch heute in diesem Steinbruch bei Cheb.

Der Steinbruch Skuteč bei Chrudim erhielt 1991 einen der ersten DH 641.

Ein 1995er Modell des DH 641 in einer Kaolingrube.

Ein DH 641 von 1997 in einem Steinbruch bei Beroun.

Teil 4: Die Baureihe 900

Mitte der 1980er Jahre wurde der Wunsch an Unex herangetragen, einen großen Hydraulikbagger in der 80/100-Tonnen-Klasse zu entwickeln, damit große Tagebaubetriebe eine Alternative zu den altgedienten Elektro-Seilbaggern hätten. Bei Unex machte man sich an die Arbeit und konnte 1988 einen ersten Prototyp eines Hydraulikbaggers mit 85 Tonnen Einsatzgewicht fertigstellen. Dieser DH 921 wurde durch zwei LIAZ-Dieselmotoren M637 mit jeweils 230 PS angetrieben, d.h. die Antriebsleistung betrug insgesamt 460 PS. Der Bagger konnte mit Tieflöffel oder Front-Klappschaufel ausgerüstet werden.

Als 1989 der DH 921 für die reguläre Produktion vorgestellt wurde, gab es alternativ eine Einmotoren-Ausführung. Im Angebot war der international bekannte Cummins Sechszylinder-Diesel KTA-1150 mit 500 PS. Außerdem bot Unex mit dem EH 921 eine elektrische Alternative mit einem 315 kW starken Elektromotor an. Das Fahrwerk war mit 650 mm oder 900 mm breiten Bodenplatten lieferbar.

Um 1992 tauchte im Unex-Programm die Variante DH/EH 931 auf. Diese Version wurde aber nie gebaut. Da man die notwendigen Zertifizierungen mit dem Typ 921 durchlaufen hatte und die Stückzahlen des Baggers gering waren, verzichtete man auf diese modifizierte Version 931 und beließ es beim Typ 921. Ab 1997 konnte der DH 921 alternativ auch mit dem 8-Zylinder-Perkins-Dieselmotor 3008-17TA1 bestellt werden. Es ist jedoch kein Bagger mit dieser Ausrüstung bekannt geworden.

In der 10-jährigen Bauzeit bis 1999 konnten insgesamt nur zwölf Stück dieses Großbaggers ausgeliefert werden (Diesel- und Elektroversionen zusammengenommen). Das entsprach sicher nicht den Erwartungen von Unex. Nach 1999 gab es keinen Unex-Hydraulikbagger in dieser Größenklasse mehr.

Hydraulikbagger Baureihe 900

Typ	Bauzeit	Löffel-Inhalt	Einsatz-Gewicht[1]	Motor	Stückzahl[2]
DH 921	1988	3,2 m³	84,6 t	2 x LIAZ M637 / 460 Ps	1 (Prototyp)
DH 921	1989-93	3,2 m³	84,6 t	2 x LIAZ M637 / 460 PS oder Cummins KTA1150C525 / 500 PS	11
DH 921	1993-97	3,2 m³	84,6 t	Cummins KTA19C525 / 500 PS	
DH 921	1997-99	3,2 m³	84,6 t	Cummins KTA19C525 / 500 PS oder Perkins 3008-17TA1 / 500 PS	
EH 921	1989-99	3,2 m³	84,6 t	Elektromotor 315 kW	

Hier ist der Prototyp des DH 921 im Jahr 1988 auf dem Unex-Werksgelände in Uničov zu sehen.

Im Kaolin-Tagebau Střeleč bei Jičin war ein DH 921 von 1995 mit Tieflöffel im Einsatz.

Einer der wenigen exportierten DH 921 ist diese Version von 1995 im Steinbruch Chmielnik in Polen.

Ein elektrisch angetriebener EH 921 (1995) arbeitete im Kohle-Tagebau „Dul Lezáky" bei Most.

Dieser EH 921 von 1997 ist hier noch nagelneu im Steinbruch Luleč in Südmähren. Im Jahr 2010 hat derselbe Bagger (siehe Foto auf Seite 3 dieses Buches) 13 Jahre harten Einsatz hinter sich.

Teil 5: Die neue Hydraulikbagger-Generation ab 1994

Bevor wir auf die neuen Baggerentwicklungen von Unex eingehen, sollten wir einen kurzen Blick darauf werfen, wie sich das Unternehmen Unex seit den 1980er Jahren verändert hat.

Unex gehörte seit 1980 zum Schwermaschinen-Kombinat Vitkovice VHJ, wurde aber 1988 als Uničovske strojirny, k.p. unabhängig. Im Jahr 1992 wurde das Unternehmen als Unex a.s. in eine Aktiengesellschaft transformiert und 1993 durch Coupon-Privatisierung in eine private Gesellschaft überführt. 1998 erwarb der amerikanische Investmentfond „Bancroft Eastern Europe Fund" die Aktienmehrheit bei Unex, der aber 2003 seine Anteile an das Unex-Management wieder verkaufte. Im Jahr 2005 stieg der britische Investor „Arcadia Capital" bei Unex ein und ist jetzt Mehrheitsaktionär.

Aber jetzt zurück zu den Hydraulikbaggern. Auf der Maschinenbau-Messe 1993 in Brünn überraschte Unex mit einem modernen Kompakt-Mobilbagger der Midi-Klasse mit 8,4 t Einsatzgewicht. Dieser DH 0912 war mit einem Knick-Ausleger für das Arbeiten entlang von Mauern und in beengten Situationen ausgestattet. Es ist nicht eindeutig klar, ob dieser Bagger tatsächlich von Unex selbst hergestellt worden war.

Im Jahr 1994 präsentierte Unex den ersten Hydraulikbagger einer neuen Generation – den DH 28. Es war eine komplette Neukonstruktion in der 28-Tonnen-Klasse, der den DH 441 ablösen sollte. Das Design war modern mit klaren Linien, einer niedrigen Oberwagen-Silhouette und einer neuen komfortablen Fahrerkabine mit Schalldämmung. Es gab nur noch einen Monoblock-Ausleger. Für den Antrieb sorgte ein Perkins 1006 Sechszylinder-Diesel mit Turbolader, der 177 PS leistete. Der hydraulische Fahrantrieb mit Planetengetriebe wurde wieder von Lohmann geliefert. Insgesamt wurde das Bemühen von Unex deutlich, einen international konkurrenzfähigen Hydraulikbagger anbieten zu können.

Im Grunde war der DH 28 noch ein Prototyp, von dem nur wenige Exemplare gebaut wurden. Die Serienversion DH 28.1 folgte 1995, der dem DH 28 sowohl äußerlich als auch technisch entsprach.

Im Jahr 1996 wurde die neue Unex-Baggergeneration nach unten ergänzt. Zum ersten Mal wagte sich Unex mit dem DH 12.1 in die umkämpfte 12-Tonnen-Klasse und ebenfalls zum ersten Mal bot Unex eine Mobilbagger-Version an (abgesehen vom DH 0912-Prototyp). Die Raupenbagger-Variante des DH 12.1 kam erst vier Jahre später auf den Markt.

1997 stand eine Programmerweiterung nach oben an. Der DH 40.1 mit einem Einsatzgewicht von 42 bis 48 Tonnen wurde als Nachfolger des DH 641 vorgestellt. Das Design wurde vom DH 28.1 übernommen, nur eben alles eine Nummer größer. Wahlweise war der DH 40.1 mit Tieflöffel oder mit Front-Ladeschaufel erhältlich, die in tschechischen Steinbrüchen nach wie vor bevorzugt wurde. Die Kraftquelle war ein turbogeladener Perkins 6-Zylinder-Dieselmotor der Baureihe 1306 mit 304 PS. Der Unterwagen konnte in Standard- oder HD-Ausführung (für den Steinbrucheinsatz) geliefert werden.

Trotz moderner Bagger konnte aber Unex weder im eigenen Land noch international dem Wettbewerbsdruck standhalten. Dazu waren die Stückzahlen zu gering; selbst tschechische Bauunternehmen bevorzugten inzwischen bekannte Importfabrikate, da diese einen höheren Wiederverkaufswert hatten. Deshalb beschloss Unex im Jahr 2002, sich komplett aus der Produktion von Hydraulikbaggern zurückzuziehen. Die letzten Hydraulikbagger wurden 2003 ausgeliefert.

Unex hatte am Schluss noch einen neuen 15-Tonnen-Raupenbagger entwickelt, dessen Markteinführung bevorstand. Dazu kam es nicht mehr; von diesem DH 15.1 wurde wohl nur ein Prototyp gebaut.

Neue Hydraulikbagger-Generation

Typ	Bauzeit	Einsatz-Gewicht[1]	Motor	Sonstiges
DH 0912	1993	8,4 t	Perkins 1004-4 / 73 PS	Mobilbagger Prototyp
DH 28	1994-1995	27,5 t	Perkins 1006-6TW / 177 PS	nur Prototypen
DH 12.1 M	1996-2003	12,1 t	Perkins 1004-4 / 77 PS	Mobilbagger
DH 12.1 R	2000-2003	12 t	Perkins 1004-4 / 77 PS	
DH 15.1	2003	15 t	n.n.	Prototyp
DH 28.1	1995-2003	27,5 t	Perkins 1006-6TW / 177 PS	
DH 40.1	1997-2003	45/48 t	Perkins 1306-9TA3 / 304 PS	

Der 1996 eingeführte DH 12.1 M hatte alle Merkmale eines modernen Mobilbaggers in der 12-Tonnen-Klasse.

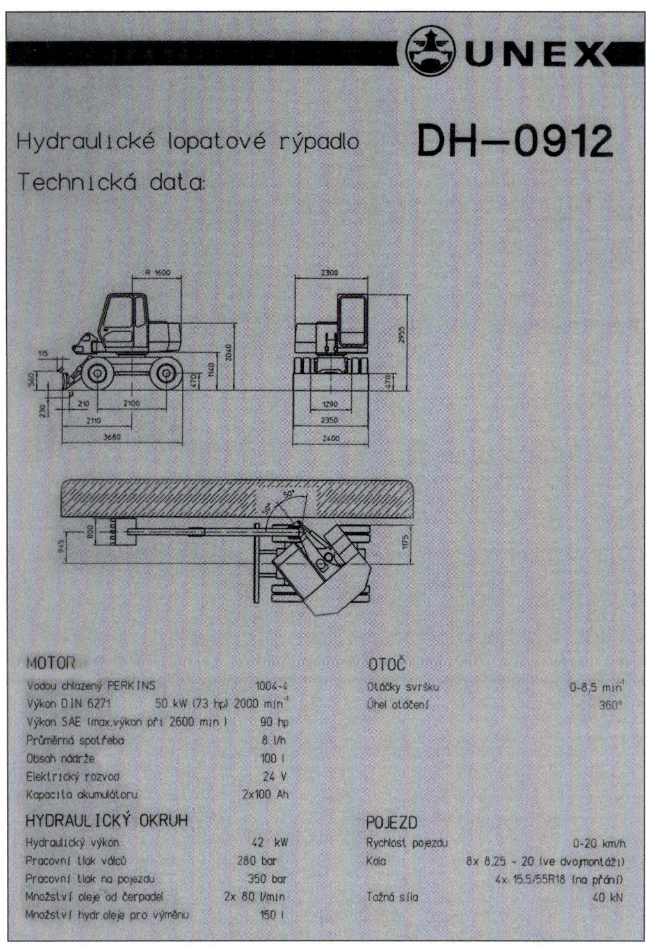

UNEX

Hydraulické lopatové rýpadlo **DH-0912**

Technická data:

MOTOR

Vodou chlazený PERKINS	1004-4
Výkon DIN 6271	50 kW (73 hp) 2000 min^{-1}
Výkon SAE (max.výkon při 2600 min)	90 hp
Průměrná spotřeba	8 l/h
Obsah nádrže	100 l
Elektrický rozvod	24 V
Kapacita akumulátoru	2x100 Ah

HYDRAULICKÝ OKRUH

Hydraulický výkon	42 kW
Pracovní tlak válců	280 bar
Pracovní tlak na pojezdu	350 bar
Množství oleje od čerpadel	2x 80 l/min
Množství hydr.oleje pro výměnu	150 l

OTOČ

Otáčky svršku	0-8,5 min^{-1}
Úhel otáčení	360°

POJEZD

Rychlost pojezdu	0-20 km/h
Kola	8x 8.25 - 20 (ve dvojmontáži)
	4x 15.5/55R18 (na přání)
Tažná síla	40 kN

Das Datenblatt des 1993 vorgestellten Prototyps des Kompakt-Mobilbaggers DH 0912

Die Maschinenbau-Messe 2000 in Brünn war dann schon eine der letzten Gelegenheiten, den DH 12.1 M zu begutachten.

Seltsamerweise dauerte es mehr als vier Jahre, bis dem Mobilbagger DH 12.1 Ende 2000 auch eine Raupenversion zur Seite gestellt wurde

Der Prototyp des DH 15.1 war im Jahr 2003 der Abgesang der Unex-Hydraulikbagger.

Der Prototyp des DH 28 hatte als erster Bagger der neuen Unex-Baggergeneration auf der Messe in Brünn 1994 Premiere.

Ein Jahr später war dann auf der gleichen Messe die Serienversion DH 28.1 zu sehen.

Bei der Steinbruch-Demo-Show in Chvaletice 1997 wurde der DH 28.1 in der Praxis vorgeführt.

Der DH 28.1 war auch in Tschechien nicht häufig anzutreffen. Hier ein Exemplar in einem Kieswerk bei Olomouc..

Der DH 28.1 war auch mit Front-Klappschaufel lieferbar.

Der 45-Tonnen-Bagger DH 40.1 war die Top-Neuheit von Unex auf der Brünner Messe 1997.

Die erste Präsentation der Klappschaufel-Version des DH 40.1 erfolgte auf der Steinbruch-Demonstrations-Show in Chvaletice 1997.

Teil 6: Die Kooperation Unex/Sennebogen 1989 bis 1998

Unex hatte zu keiner Zeit einen Hydraulikbagger in der beliebten 18/20-Tonnen-Klasse anzubieten.

Anstatt einer Eigenentwicklung entschloss man sich bei Unex im Jahr 1989 zu einer Kooperation mit einem westlichen Partner. Die Wahl fiel auf Sennebogen und es kam zu einer Lizenz-Vereinbarung zum Nachbau des SM/SR-15 bei Unex – ein Modell einer neuen Baureihe, die Sennebogen auch erst 1989 vorgestellt hatte. Der Vertrieb der Lizenzbagger sollte auf Tschechien beschränkt bleiben.

Nach einem Prototyp 1989 lief die Produktion der Mobil- und Raupenversion bei Unex im Jahr 1990 an. Anstatt des Deutz-Motors griff Unex auf den preisgünstigeren Zetor-Dieselmotor Z8002 aus heimischer Produktion zurück. Auf den Baggern erschien der Schriftzug „Unex-Sennebogen", ab 1995 allerdings nur noch „Unex".

1991 stellte Unex noch eine Sonderversion unter der Bezeichnung SA-15 SL vor. Es handelte sich um einen auf ein Tatra-Lkw-Fahrgestell T815-2P17 (6x6) aufgebauten Bagger. Solche Autobagger waren in Tschechien nach wie vor sehr beliebt. Die Serienversion wurde dann in SF-15 SL umbenannt. Er wurde auch an das tschechische Militär geliefert.

1998 wurde die Kooperation mit Sennebogen beendet.

Unex-Sennebogen Hydraulikbagger

Typ	Bauzeit	Einsatz-Gewicht[1]	Motor	Sonstiges
SM-15 SL	1990-94	15,7/17 t	Zetor Z8002-12 / 95 PS	Mobil
SM-15 SL	1995-98	15,7/17 t	Zetor Z8002-149 / 95 PS	Mobil
SR-15 SL	1989-94	17,8/19 t	Zetor Z8002-12 / 95 PS	Ketten
SR-15 SL	1995-98	17,8/19 t	Zetor Z8002-149 / 95 PS	Ketten
SA-15 SL	1991	24 t	Zetor Z8002-12 / 95 PS	Prototyp / auf Tatra T815
SF-15 SL	1992-94	24 t	Zetor Z8002-12 / 95 PS	auf Tatra T815-2P17 6x6
SF-15 SL	1995-98	24 t	Zetor Z8002-149 / 95 PS	auf Tatra T815-2P17 6x6

Anfangs übernahm Unex das Layout der Original-Sennebogen-Prospekte einschließlich der Fotos von Original-Sennebogen Baggern.

Ab 1995 verschwand dann der Name „Sennebogen" sowohl auf den Prospekten als auch auf den Baggern selbst.

Ein 1991 gebauter SR-15 der Baufirma Eurostav in Tschechien.

Die Stückzahlen der Unex-Sennebogen Bagger blieben in recht bescheidenem Rahmen.

Der SF-15 SL in der Version ab 1992.

Die militärische Version des SF-15 im Jahr 1997.

DANK

Es ist schon eine besondere Herausforderung, ein Buch über einen Hersteller eines anderen Landes zu schreiben, dessen Sprache man selbst nicht spricht – auch wenn es ein unmittelbares Nachbarland ist.

Deshalb konnte dieses Buch nur mit tatkräftiger Hilfe vieler Personen aus Tschechien zustande kommen. An erster Stelle möchte ich mich bei Frau Ladislava Nohovcová bedanken, die das Škoda-Archiv in Pilsen betreut und mir zahlreiche historische Fotos und Informationen aus der Zeit vor dem Zweiten Weltkrieg zur Verfügung stellen konnte. Ein vergleichbar umfangreiches Archiv gibt es leider beim heutigen Hersteller UNEX a.s. nicht mehr. Aber verbliebene UNEX-Archiv-Unterlagen konnte ich beim Staatlichen Regionalarchiv der Region Olmütz (Zemský archiv v Opavě – pobočka Olomouc) einsehen. Vielen Dank an Frau Mgr. Jana Morávková.

Herzlichen Dank aber auch an viele Privatpersonen aus Tschechien, die mein Projekt in besonderer Weise unterstützt haben. Nur beispielhaft möchte ich nennen:

- Ondřej Hájek - Betreiber der website bagry.cz
- Tomáš Straňák – ein Experte für tschechische Baumaschinen
- Tibor Mikulik aus der Slowakei – ein Spezialist für Seilbagger
- Martin Čižek – ein weiterer Kenner tschechischer Baumaschinen
- Radoslav Kolomý, der mein Interesse an dem Thema geweckt hat und dessen Buch eine wertvolle Informationsquelle für mein Buch war

LITERATUR

Soweit Fotos in diesem Buch nicht ausdrücklich eine Quellenangabe enthalten, stammen sie vom Verfasser selbst sowie aus Druckschriften und Prospekten der Hersteller im Archiv des Verfassers

Folgende Literatur wurde verwendet:

Zeitschriften und Kataloge:
Přiručka Mechanizátora, Praha, Jahrgang 1961
Revue Škoda, Škodawerrke Pilsen, Jahrgänge 1929/30
Zemni práce, II. Přehled strojů a zařizeni, Vydaly BPT, Středisko, Listopad 1970

Bücher:
Zdeněk Bauer – Stavebni stroje firmy Lanna, Corona sro, 2005
Zdeněk Bauer – Stroje na Stavbách 1849-1948, Gradis Bohemia, Praha, 2011
Zdeněk Bauer – Stroje na Stavbách, Tabulková přiloha, Gradis Bohemia, Praha, 2011
Václav Bartoš – Technologie silničnich praci, Nakladatelstvi Dopravy a Spojů, Praha, 1964
Pavol Bukovčan – Stavebni stroje, SNTL, Praha, 1982
Jindřich Čapek – Zemni práce, SNTL, Praha, 1960
Zdeněk Cvekl / Jaroslav Kolář – Univerzálni rýpadla, SNTL, Praha, 1963
Václav Jiša / Alois Vanek – Škodovy Závody 1918-1938, Vydala Práce, Praha, 1962
Václav Jiša – Škodovy Závody 1859-1965, Vydala Práce, Praha, 1969
Jaroslav Jiskra – Z Historie uhelných lomů na Sokolovsku, Sokolovská uhelná, a.s., 1997
Jaroslav Jiskra – Velká kniha hornictvi Karlovarského Kraje, Sokolovská uhelná, a.s., 2010
Vladimir Karlicky – Svet Okrídleného Šipu Koncern Škoda Plzen 1918-1945, Škoda a.s., Plzeň, 1999
Radoslav Kolomý – Historický vývoj lopatových rýpadel, NTM, Praha 2013
Ladislava Nohovcová / Petr Mazný / Vladislav Krátký – Škodovka v historických fotografich, Vydal Starý most s.r.o, Plzeň, 2004
deněk Schwarz / Jiři Stork – Novodobé stroje pro zemni práce, TKN,
Fünfundzwanzig Jahre der Aktiengesellschaft vormals Škodawerke in Pilsen, 1899-1924, Škodawerke, Prag, 1925
Škoda 1859-1959 – 100 Years of Service to the Technical Progress - Závody V.I. Lenina Plzeň, 1959
Oskar Wencel – Stavebni stroje, Vydala Prace, Praha, 1987
Jiři Žalud – Zemni práce, Vydavatelstvo Roh, Praha, 1951
Jiři Žalud – Obsluha a údržba rýpadel, SNTL, Praha, 1963

Weitere Bücher unseres Verlages – eine Auswahl

374 Seiten, 850 Bilder, 28 x 21 cm
Festeinband, ISBN 9783861339403
EUR 49,90 Bestellnummer **940**

360 Seiten, 800 Bilder, 28 x 21 cm
Festeinband, ISBN 9783861339830
EUR 49,90 Bestellnummer **983**

160 Seiten, 480 Bilder, 28 x 21 cm
Festeinband, ISBN 9783861339649
EUR 29,90 Bestellnummer **964**

180 Seiten, 600 Bilder, 28 x 21 cm
Festeinband, ISBN 9783861339922
EUR 29,90 Bestellnummer **992**

240 Seiten, 480 Bilder, 28 x 21 cm
Festeinband, ISBN 9783751610643
EUR 39,90 Bestellnummer **1064**

240 Seiten, 600 Bilder, 28 x 21 cm
Festeinband, ISBN 9783751610292
EUR 39,90 Bestellnummer **1029**

180 Seiten, 550 Bilder, 28 x 21 cm
Festeinband, ISBN 9783861339083
EUR 29,90 Bestellnummer **908**

136 Seiten, 280 Bilder, 28 x 21 cm
Festeinband, ISBN 9783751610339
EUR 29,90 Bestellnummer **1033**

240 Seiten, 600 Bilder, 28 x 21 cm
Festeinband, ISBN 9783751610650
EUR 39,90 Bestellnummer **1065**

176 Seiten, 480 Bilder, 28 x 21 cm
Festeinband, ISBN 9783751610704
EUR 29,90 Bestellnummer **1070**

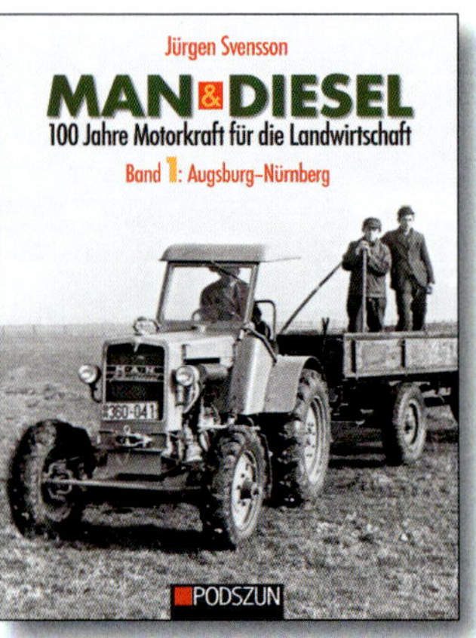

180 Seiten, 580 Bilder, 28 x 21 cm
Festeinband, ISBN 9783861338987
EUR 29,90 Bestellnummer **898**

180 Seiten, 600 Bilder, 28 x 21 cm
Festeinband, ISBN 9783861338994
EUR 29,90 Bestellnummer **899**

Fordern Sie unseren Prospekt an mit Büchern über Autos, Motorräder, Lastwagen, Traktoren, Forstfahrzeuge, Lokomotiven, Baumaschinen, Feuerwehrfahrzeuge, Schwertransporte, Autokrane, Flugzeuge:

Verlag Podszun Motorbücher GmbH, Elisabethstraße 23-25, 59929 Brilon
Telefon: 02961-53213, Fax: 02961-9639900, Email: info@podszun-verlag.de, Webshop: www.podszun-verlag.de

224 Seiten, 660 Bilder, 28 x 21 cm
Festeinband, ISBN 9783751610315
EUR 39,90 Bestellnummer **1031**

240 Seiten, 565 Bilder, 28 x 21 cm
Festeinband, ISBN 9783751610667
EUR 39,90 Bestellnummer **1066**

160 Seiten, 540 Bilder, 28 x 21 cm
Festeinband, ISBN 9783861339892
EUR 29,90 Bestellnummer **989**

240 Seiten, 770 Bilder, 28 x 21 cm
Festeinband, ISBN 9783751610285
EUR 29,90 Bestellnummer **1028**

154 Seiten, 390 Bilder, 28 x 21 cm
Festeinband, ISBN 9783861335597
EUR 24,90 Bestellnummer **559**

166 Seiten, 510 Bilder, 28 x 21 cm
Festeinband, ISBN 9783861335603
EUR 29,90 Bestellnummer **560**

224 Seiten, 540 Bilder, 28 x 21 cm
Festeinband, ISBN 9783751610766
EUR 39,90 Bestellnummer **1076**

176 Seiten, 415 Bilder, 28 x 21 cm
Festeinband, ISBN 9783861333500
EUR 29,90 Bestellnummer **350**

240 Seiten, 600 Bilder, 28 x 21 cm
Festeinband, ISBN 99783751610711
EUR 39,90 Bestellnummer **1071**

240 Seiten, 610 Bilder, 28 x 21 cm
Festeinband, ISBN 9783751610728
EUR 39,90 Bestellnummer **1072**

240 Seiten, 595 Bilder, 28 x 21 cm
Festeinband, ISBN 9783751610735
EUR 39,90 Bestellnummer **1073**

240 Seiten, 610 Bilder, 28 x 21 cm
Festeinband, ISBN 9783751610742
EUR 39,90 Bestellnummer **1074**